JN040464

スラスラ読める

ふりがな
FURI　GANA

プログラミング

谷本 心・監修／リブロワークス・著

インプレス

監修者プロフィール

谷本 心　たにもと・しん

2社で働くエンジニア。仕事のかたわらでJavaのコミュニティ活動も行っており、関西Javaエンジニアの会の立ち上げや、日本Javaユーザーグループ（JJUG）のリーダーを務めるほか、サンフランシスコで開催されたJavaOneなど国内外のイベントで登壇。日本で3人目の「Java Champion」に任命された。著書に『Java本格入門』（技術評論社）。BABYMETALを追いかけて世界中を旅している。

著者プロフィール

リブロワークス

書籍の企画、編集、デザインを手がけるプロダクション。手がける書籍はスマートフォン、Webサービス、プログラミング、WebデザインなどIT系を中心に幅広い。最近の著書は『スラスラ読める JavaScriptふりがなKidsプログラミング』（インプレス）、『今すぐ使えるかんたんmini　Outlook2019　基本＆便利技』（技術評論社）、『一冊に凝縮 いちばんやさしいパソコン超入門 ウィンドウズ 10対応』（SBクリエイティブ）など。
http://www.libroworks.co.jp/

※「ふりがなプログラミング」は株式会社リブロワークスの登録商標です。

本書はJavaについて、2020年2月時点での情報を掲載しています。
本文内の製品名およびサービス名は、一般に各開発メーカーおよびサービス提供元の登録商標または商標です。
なお、本文中にはTMおよびRマークは明記していません。

はじめに

「プログラミングにふりがなって必要なの？」

本書を手にとった方の中にはそう疑問に思う方がいるかも知れません。正直な話、僕も最初は懐疑的でした。ただ本書の構成を検討したり、レビューをしたりしているうちに、あるエピソードを思い出しました。

僕には娘がいるのですが、その娘が小学校に入るか入らないかくらいの頃に、漢字混じりの文章をスラスラと声に出して読むようになりました。なぜ読めるようになったのかと思い、本人に聞いても、「いつの間にか読めるようになった」としかいいません。しばらく疑問に思っていたのですが、1つ思い当たることがありました。それはテレビの字幕です。我が家ではテレビを観るときには字幕を出しっぱなしにする習慣があるため、おそらく娘は字幕で使われている漢字のふりがなを見て、音を聞くということを繰り返しているうちに、自然と漢字を読めるようになったのです。

それがまさに本書のコンセプトに当てはまります。読者の皆さんがソースコードに振られたふりがなを何度も何度も目にすることで、自然とソースコードのそれぞれの命令の意味がわかるようになることを期待しています。また、本書はふりがなだけでなく説明する内容や言葉づかいについても、初めて学ぶ方にとってわかりやすくなるように言葉を選び、騙したりごまかしたりすることがないように徹底しています。これから初めてプログラミングに取り組もうという方や、1度は挑戦してみたものの諦めてしまったという方など、大人から子どもまで読んでいただける内容となっています。

また、本書で解説しているJavaは世界で最もよく利用されている言語の1つです。世に出てから20年以上が経ちますが、今でも根強い人気を誇っており、特に企業の業務システムや家電の組み込み用途などで幅広く利用されています。それだけ使われている言語ですから、開発環境がよく整っており、たくさんの情報がインターネット上にあり、また大きなコミュニティもあります。そのため、初めてプログラミングを学ぶ方が取り組むのに、ふさわしい言語だと言えます。

ぜひ、本書を携えて、Javaを好きになってください！

2020 年 2 月　日本 Java ユーザーグループ リーダー　谷本 心

CONTENTS

Chapter 4

オブジェクト指向を学ぼう —————————— 135

プログラムの読み方

本書では、プログラム（ソースコード）に日本語の意味を表す「ふりがな」を振り、さらに文章として読める「読み下し文」を付けています。ふりがなを振る理由については12ページをお読みください。また、サンプルファイルのダウンロードについては231ページで案内しています。

サンプルファイル
のファイル名です

半角スペースを入れないとエラー
になる場合はこの記号で示します

スペース記号がない部分はふりが
なを振りやすくするための空きな
ので、空けなくてもかまいません

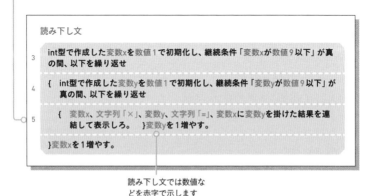

■Chap3_5_2.java

```
     …の間    int型 変数x入れろ 数値1 変数x 以下 数値9 変数x 1増    以下を繰り返せ
3  for( int x = 1; x <= 9; x++ ){

     …の間    int型 変数y入れろ 数値1 変数y 以下 数値9 変数y 1増    以下を繰り返せ
4    for( int y = 1; y <= 9; y++ ){

     Systemクラス  標準出力   表示しろ    変数x 連結  文字列「×」連結
5    System.out.println( x +  "×" +    折り返し

     変数y  連結  文字列「=」連結 変数x 掛ける 変数y
     y  +  "="  + x  *  y );

   ブロック終了
   }

 ブロック終了
 }
```

行番号（文番号）でプログラム
と読み下し文の対応を示します

直前のサンプルから変更する部
分は黄色のマーカーで示します

1行で入りきらない文は折り返しマ
ークで示します。入力時は折り返し
なくてもかまいません

読み下し文

3　int型で作成した変数xを数値1で初期化し、継続条件「変数xが数値9以下」が真の間、以下を繰り返せ

4　{　int型で作成した変数yを数値1で初期化し、継続条件「変数yが数値9以下」が真の間、以下を繰り返せ

5　{　変数x、文字列「×」、変数y、文字列「=」、変数xに変数yを掛けた結果を連結して表示しろ。　}変数yを1増やす。

　}変数xを1増やす。

読み下し文では数値な
どを赤字で示します

Chapter 1

Java
最初の一歩

Javaってどんなもの？

Java（ジャバ）を覚えろっていわれたんですけど、覚えると何ができるんでしょうか？

そうだなー。Webアプリケーションや家電のシステム、銀行のシステム、業務システムとか、幅広く作れるよ

え！　そんなにいろいろなものが作れるんですか!?

Javaはさまざまな環境で利用されるプログラミング言語

　Javaは、1995年にSun Microsystems社が公開したプログラミング言語です。現在は、Sun Microsystems社を買収したOracle社がJavaの開発を引き継いでいます。Sun Microsystems社は「Write once, run anywhere（一度プログラムを書けば、どこでも実行できる）」をJavaのスローガンとして掲げており、実際に現在もWindowsでアプリケーション（以降アプリ）を作ってもmacOSでアプリを動かせますし、その逆も可能です。アプリを動かす環境がOSに依存しないため、さまざまな場所でJavaが用いられています。

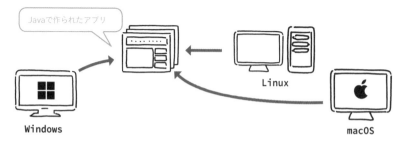

Javaで作られたアプリ

Windows　　　　Linux　　　　macOS

　例えば、パソコン向けアプリ、Webアプリ、家電などに組み込まれている組み込み系システム、業務システム、大規模な銀行システムなどの分野で使われています。

堅牢性の高さがもたらす幅広い需要

Javaは「オブジェクト指向」という考えを取り入れて作られた言語です。また、オブジェクト指向の言語の中でも文法がしっかりしています。冗長なプログラムになりやすい半面、不具合の発生を防ぐ堅牢なプログラムを書くことができるので、規模の大きいアプリ開発に向いています。利用者の多いWebアプリ、業務システム、大規模な銀行システムは、安定した稼働が求められます。そのため、堅牢性の高いJavaを用いて開発されることが多いのです。

現在はJavaと同様のコンセプトの言語は他にもありますが、歴史が長いためJavaで作られたものが蓄積されており、現在も幅広い需要があります。また、AndroidアプリはJavaで開発することができるため、そちらの需要もあります。

サーバーサイドプログラムとしてもよく使われる

Javaは、さまざまな用途で使用されており、特にWebアプリのサーバーサイドプログラムとしてよく使われます。Webアプリというのは、ユーザーの操作などによって結果が変わるWebページのことで、SNSやショッピングサイト、Webメール、地図サービスなどを指します。Webアプリはインターネット越しに動作するものなので、ユーザーの手元にあるWebブラウザ側で動作する「クライアントサイドプログラム」と、データを配信する「サーバーサイドプログラム」の2種類が協調して動作します。

クライアントサイド
プログラム

サーバーサイド
プログラム

Javaで作る
のはココ！

Webブラウザ　　　　　インターネット　　　　Webサーバー

Javaにはフレームワークと呼ばれる、アプリ開発をサポートするプログラムの土台がたくさん公開されています。フレームワークを利用すると、プログラムを書く量が減らせるので、効率よくアプリ開発ができます。本書でも、Spring Boot（スプリングブート）というフレームワークを使ったWebアプリを開発してみましょう。

本書の読み進め方

> プログラムにふりがなが振ってあると簡単そうに見えますね。でも、本当に覚えやすくなるんですか？

> 身もフタもないことを聞くね……。ちゃんと理由があるんだよ

繰り返し「意味」を目にすることで脳を訓練する

　プログラミング言語で書かれたプログラムは、英語と数字と記号の組み合わせです。知らない人が見ると意味不明ですが、プログラマーが見ると「それが何を意味していてどう動くのか」すぐに理解できます。とはいえ最初から読めたわけではありません。プログラムを読んで入力して動かし、エラーが出たら直して動かして……を繰り返して、脳を訓練した期間があります。

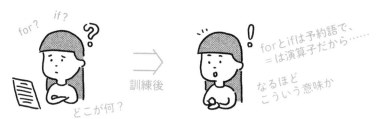

　逆にいうと、初学者が挫折する大きな原因の1つは、十分な訓練期間をスキップして短時間で理屈だけを覚えようとするからです。そこで本書では、プログラムの上に「意味」を表す日本語のふりがなを入れました。例えば「=」の上には必ず「入れろ」というふりがながあります。これを繰り返し目にすることで、「=」は「変数に入れる」という意味だと頭に覚え込ませます。

```
    変数answer   入れろ  数値10
1   answer  =  10;
```

　プログラムは英語に似ている部分もありますが、人間向けの文章ではないので、ふりがなを振っただけでは意味が通じる文になりません。そこで、足りない部分を補った読み下し文もあわせて掲載しました。

読み下し文

1　数値10を変数answerに入れろ。

　プログラムを見ただけでふりがなが思い浮かび、読み下し文もイメージできれば、「プログラムを読めるようになった」といえます。

実践で理解を確かなものにする

　プログラムを読めるようになるのは第一段階です。最終的な目標はプログラムを作れるようになること。実際にプログラムを入力して何が起きるのかを目にし、自分の体験として感じましょう。本書のサンプルプログラムはほとんどが10行もない短いものですから、すべて入力してみてください。

　プログラムは1文字間違えてもエラーになることがありますが、それも大事な経験です。何をするとエラーになるのか、自分が起こしやすいミスは何なのかを知ることができます。とはいえ、最初はエラーメッセージを見ると焦ってしまうはずです。そこで、各章の最後に「エラーメッセージを読み解こう」という節を用意しました。その章のサンプルプログラムを入力したときに起こしがちなエラーをふりがな付きで説明しています。つまずいたときはそこも読んでみてください。

　また、章末には「復習ドリル」を用意しました。その章のサンプルプログラムを少しだけ変えた問題を出しているので、ぜひ挑戦してみましょう。

スポーツでも、本を読むだけじゃ上達しないのと同じですね。実際にやってみないと

そうそう。脳も筋肉と同じで、繰り返しの訓練が大事なんだよね

Javaのインストール

まずはJavaのプログラムを書くための環境を整えよう

何かインストールする必要があるんですか？

Javaのプログラムを実行するためのJDKとプログラムを
書くためのIntelliJ IDEAをインストールしよう

JDKをダウンロードする

Javaで書かれたプログラムを実行するには、JDKが必要です。JDKとは、
Java用のSoftware Development Kit（ソフトウェア開発キット）のことなので、
Java用のSDKと呼ばれることもあります。JDKにはいくつかの種類がありますが、
学習目的などの個人利用に限り無償で利用できるOracle JDKをインストールし
ます。公式サイト（https://www.oracle.com/java/technologies/javase-
downloads.html）からダウンロードしましょう。

執筆時点（2020年2月）の最新バージョンは13.0.2ですが、上位のバージョン
が公開されている場合はそちらをダウンロードしてください。

① Webブラウザで、Oracle
JDKのダウンロードページ
を表示

② ［Oracle JDK］の［JDK
Download］をクリック

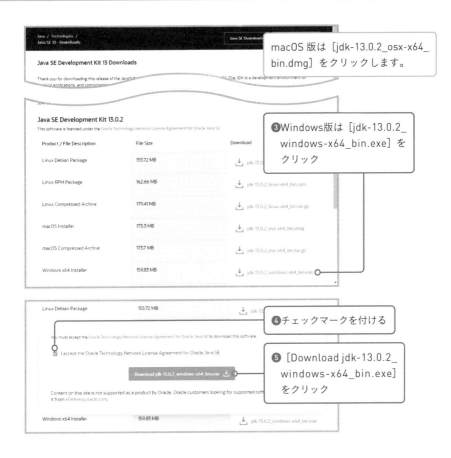

macOS版は［jdk-13.0.2_osx-x64_bin.dmg］をクリックします。

❸Windows版は［jdk-13.0.2_windows-x64_bin.exe］をクリック

❹チェックマークを付ける

❺［Download jdk-13.0.2_windows-x64_bin.exe］をクリック

macOSの場合は、20ページの手順にしたがってインストールを進めてください。

JDKをインストールする（Windows）

ダウンロードしたファイルをダブルクリックしてインストールを開始します。

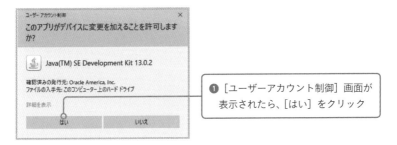

❶［ユーザーアカウント制御］画面が表示されたら、［はい］をクリック

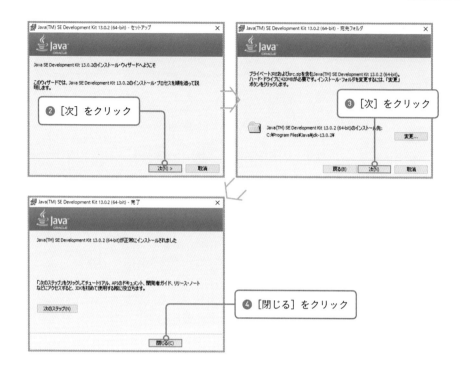

Javaの環境変数を設定する（Windows）

　JDKをインストールしたら、環境変数の設定をして、Javaのプログラムを実行できるようにします。環境変数の設定には、インストールしたJDKの中にある[bin]フォルダにパス（場所）を設定する必要があるので、[bin]フォルダのパスを確認しましょう。

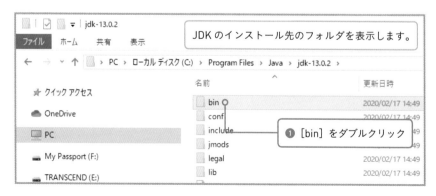

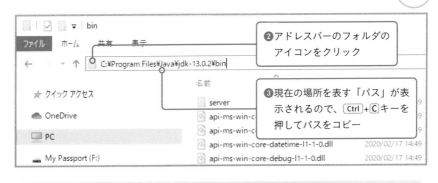

C:¥Program Files¥Java¥jdk-13.0.2¥bin ── このパスをコピーする

続いて、環境変数の設定画面を開きます。

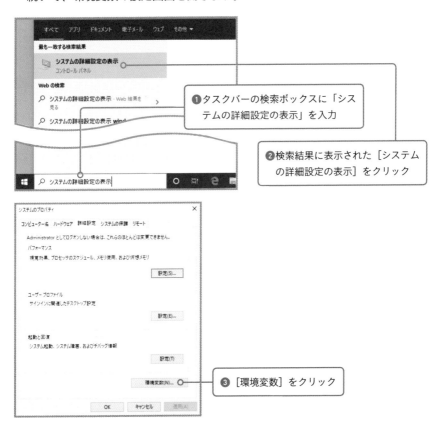

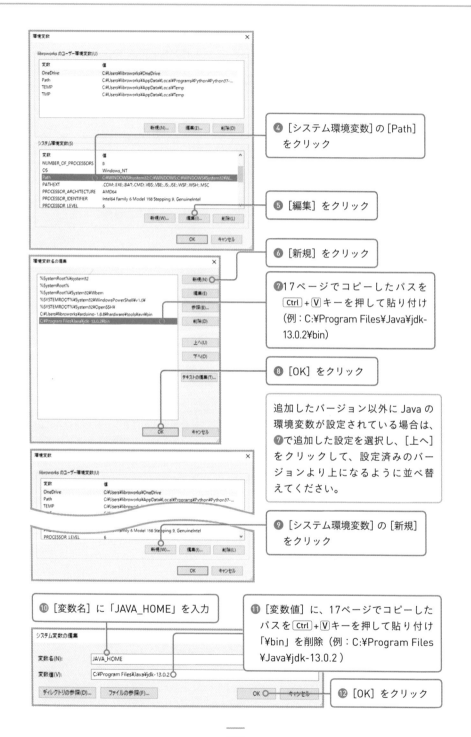

④ [システム環境変数] の [Path] をクリック

⑤ [編集] をクリック

⑥ [新規] をクリック

⑦17ページでコピーしたパスを [Ctrl] + [V] キーを押して貼り付け（例：C:¥Program Files¥Java¥jdk-13.0.2¥bin）

⑧ [OK] をクリック

追加したバージョン以外に Java の環境変数が設定されている場合は、⑦で追加した設定を選択し、[上へ] をクリックして、設定済みのバージョンより上になるように並べ替えてください。

⑨ [システム環境変数] の [新規] をクリック

⑩ [変数名] に「JAVA_HOME」を入力

⑪ [変数値] に、17ページでコピーしたパスを [Ctrl] + [V] キーを押して貼り付け「¥bin」を削除（例：C:¥Program Files¥Java¥jdk-13.0.2）

⑫ [OK] をクリック

「JAVA_HOME」が追加され
ていることを確認します。

⓭ [OK] をクリック

環境変数が正しく設定されたことを「コマンドプロンプト」というツールを使って確認します。

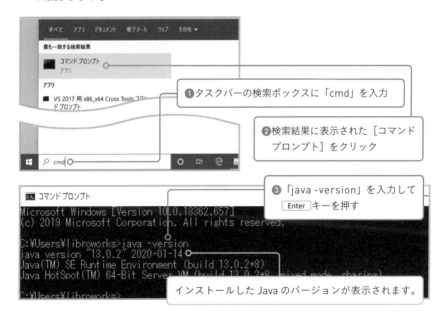

❶ タスクバーの検索ボックスに「cmd」を入力

❷ 検索結果に表示された［コマンド
プロンプト］をクリック

❸ 「java -version」を入力して
Enter キーを押す

インストールした Java のバージョンが表示されます。

「java -version」コマンドを実行すると、設定されているJavaのバージョンを確認することができます。ここでインストールしたJavaのバージョンが表示されれば設定は成功しています。もし表示されない場合は、設定内容を再確認しましょう。次に21ページで、IntelliJ IDEAをインストールします。

JDKをインストールする（macOS）

　macOSにJDKをインストールします。ダウンロードしたファイルをダブルク
リックしてください。

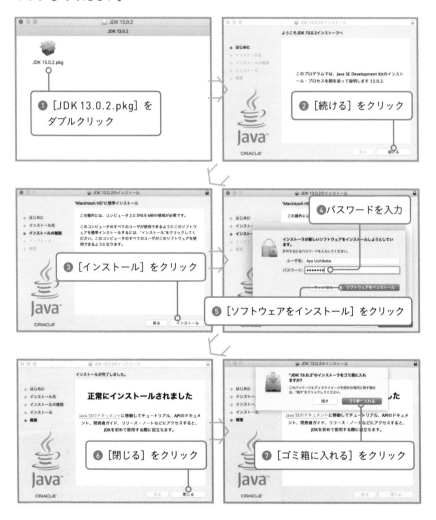

　macOSの「ターミナル」というツールを起動し、JDKがインストールされた
かどうかを確認します。「java -version」コマンドを実行すると、設定されてい
るJavaのバージョンを確認することができます。

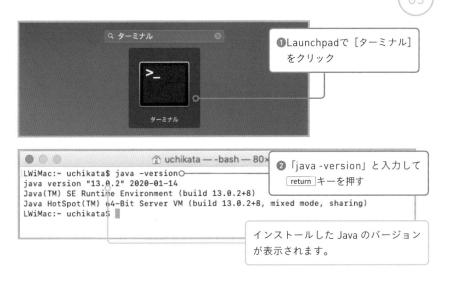

❶Launchpadで［ターミナル］
をクリック

❷「java -version」と入力して
return キーを押す

インストールした Java のバージョン
が表示されます。

IntelliJ IDEAをダウンロードする

　JDKのインストールが終わったら、IntelliJ IDEA（以降IntelliJ）をインスト
ールしましょう。IntelliJを使うと、Javaのプログラムを書いたあとに、すぐに
プログラムの実行ができるようになります。有料版のUltimate Editionと無料版
のCommunity Editionがありますが、本書ではCommunity Editionを利用します。
　公式サイト（https://www.jetbrains.com/idea/）からダウンロードしてくだ
さい。

❶WebブラウザでIntelliJの
公式サイトを表示

❷［DOWNLOAD］をクリック

　macOSの場合は、24ページの手順にしたがってIntelliJの初回起動設定を行ってください。

IntelliJをインストールする（Windows）

　ダウンロードしたファイルをダブルクリックしてインストールを開始します。

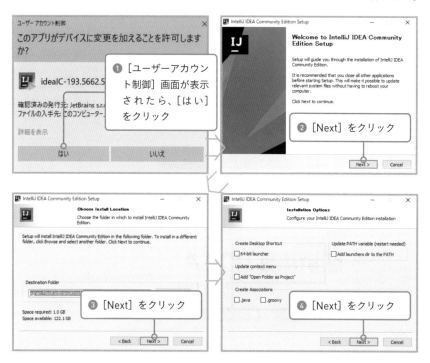

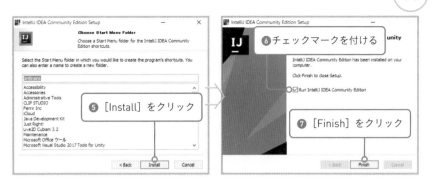

IntelliJが起動するので、初回実行時の設定を行います。

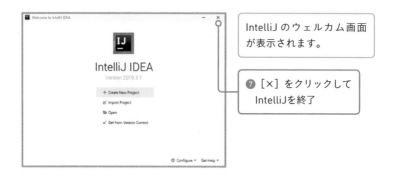

IntelliJ のウェルカム画面が表示されます。

❼ [×]をクリックして IntelliJを終了

IntelliJの初回起動設定をする（macOS）

　macOS版では、ダウンロードしたIntelliJのファイルをアプリケーションフォルダにコピーすることでインストールできます。ダウンロードしたファイルをダブルクリックで開いたら、IntelliJ IDEA CEのアイコンをフォルダへドラッグしてください。CEは、Community Editionの略称です。完了通知は表示されないので、アプリケーションフォルダを表示して、インストールされたかどうかを確認してください。

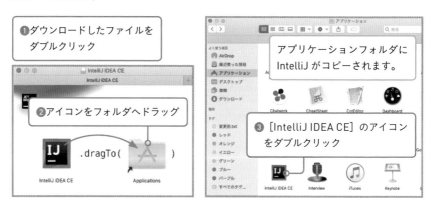

❶ダウンロードしたファイルをダブルクリック

❷アイコンをフォルダへドラッグ

アプリケーションフォルダにIntelliJがコピーされます。

❸ [IntelliJ IDEA CE] のアイコンをダブルクリック

　IntelliJが起動するので、初回起動時の初期設定を行います。

❶ [OK] をクリック

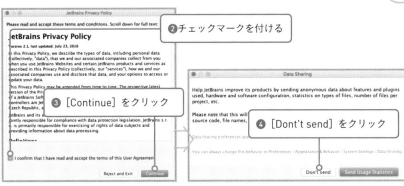

❷チェックマークを付ける

❸ [Continue] をクリック

❹ [Dont't send] をクリック

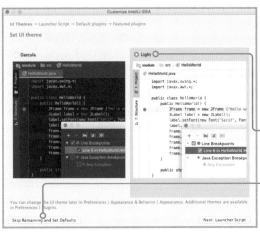

UI テーマを設定します。色が変わるだけで、どちらを選んでもかまいません。ここでは[Light]を選択します。

❺ [Light] をクリック

❻ [Skip Remaining and Set Defaults] をクリック

IntelliJ のウェルカム画面が表示されます。

❼ [●] をクリックして IntelliJを終了

最初のプログラムを入力する

Javaのプログラムを入力するためには、まずプロジェクトを作ろう

プロジェクト……を作らないと、プログラムが書けないんですか？

IntelliJでは、プログラムをプロジェクトっていうグループのようなものにまとめて管理するんだ

プロジェクトを作成する

　IntelliJで「プロジェクト」を作成し、プロジェクト内にjavaファイルを追加していきます。プロジェクトはプログラムやその他の情報をまとめて管理するグループのようなものです。Chapter 1〜4では、「furiJavaLesson」というプロジェクトを作り、その中にプログラムを書くためのjavaファイルを追加してきます。

　インストールしたIntelliJは、以下の方法で起動できます。

Windows 版はスタートメニューから起動します。

macOS 版は 24 ページの方法以外に、Launchpad からも起動できます。

それでは、IntelliJのウェルカム画面からプロジェクトを新規作成しましょう。

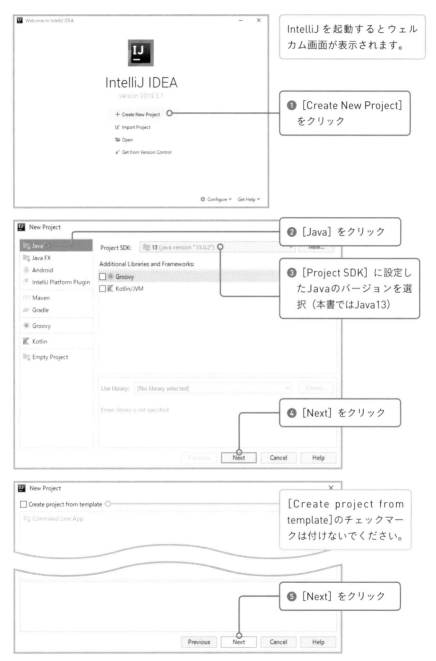

IntelliJ を起動するとウェル
カム画面が表示されます。

❶ [Create New Project]
をクリック

❷ [Java] をクリック

❸ [Project SDK] に設定し
たJavaのバージョンを選
択（本書ではJava13）

❹ [Next] をクリック

[Create project from
template]のチェックマー
クは付けないでください。

❺ [Next] をクリック

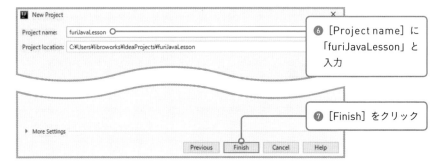

⑥ [Project name] に
「furiJavaLesson」と
入力

⑦ [Finish] をクリック

[Tip of the Day] というヒント画面が表示されたときは、[Close] もしくは
[×] をクリックして閉じてください。

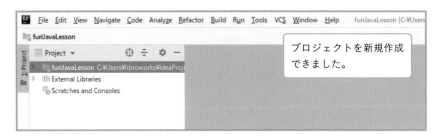

プロジェクトを新規作成
できました。

これでプロジェクトのできあがりだよ。IntelliJでクラス
の新規作成をして、javaファイルを作ろう

新規のJavaクラスを作成する

IntelliJの機能でクラスを新規作成すると、プログラムを書くためのクラスファイル（javaファイル）を作れます。furiJavaLessonプロジェクト内の ［src］
というフォルダの中に、「Chap1_4_1」という名前のクラスを作成します。クラスについては、138ページで説明します。

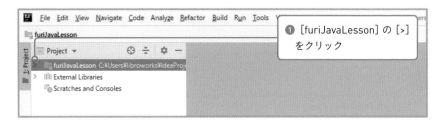

❶ [furiJavaLesson] の [>]
をクリック

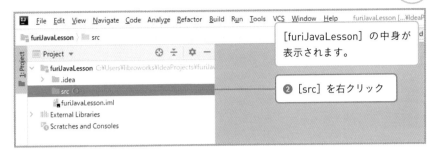

[furiJavaLesson] の中身が表示されます。

❷ [src] を右クリック

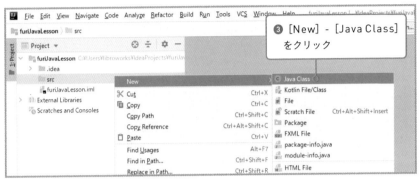

❸ [New] - [Java Class] をクリック

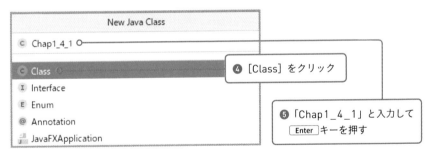

❹ [Class] をクリック

❺ 「Chap1_4_1」と入力して Enter キーを押す

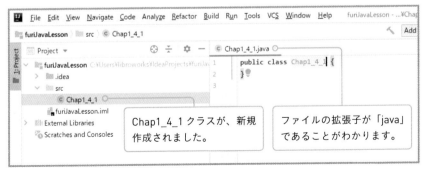

Chap1_4_1 クラスが、新規作成されました。

ファイルの拡張子が「java」であることがわかります。

プログラムを入力する

Chap1_4_1クラスにプログラムを入力していきます。まず。IntelliJのコード補完機能を利用して「mainメソッド」というものを入力します。IntelliJには決まった略語を入力すると、置き替え候補のプログラムのが表示され、選択したプログラムに置き替えるしくみがあります。次のように「psvm」と入力してみてください。

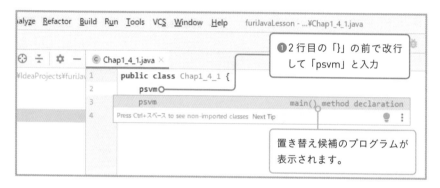

❶2行目の「}」の前で改行して「psvm」と入力

置き替え候補のプログラムが表示されます。

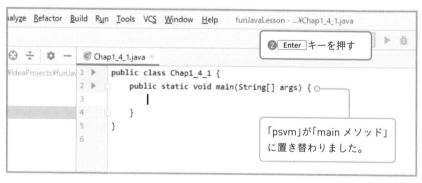

❷ Enter キーを押す

「psvm」が「main メソッド」に置き替わりました。

これらの部分の意味は34ページで説明するので、3行目に次の1行を入力してください。「ハロー！」以外は、すべて半角英数字で入力しましょう。

■Chap1_4_1.java

Systemクラス　　標準出力　　表示しろ　　文字列「ハロー！」

3
```
System.out.println("ハロー！");
```

System.out.printlnは文字を表示するメソッドです。メソッドとは、簡単にいえばコンピュータへの命令です。「何を」という目的語に当たるものを、System.out.printlnのあとのカッコ内に書きます。ここでは「ハロー！」という文字全体を「"（ダブルクォート）」で囲んでいます。この記号は、囲んでいる文字が「ハロー！」という命令ではなく、ただの文字だと区別するためのものです。この「"」で囲まれた部分を、プログラミングでは「文字列」と呼びます。また、Javaは「;（セミコロン）」で命令文を区切ります。

この行をまとめて読み下すと、以下のようになります。英文法と同じように述語と目的語が入れ替わります。

読み下し文

3 **文字列「ハロー！」を表示しろ。**

System.out.printlnは、厳密に訳すと「Systemクラスの標準出力で表示しろ」となるのですが、本書では「表示しろ」と読み下します。

プログラムを実行しよう

IntelliJは、書いたプログラムが自動的に保存されるようになっています。書いたプログラムを実行するには、実行したいmainメソッドの横にある［▶］から［Run］を選択します。

```
ialyze  Refactor  Build  Run  Tools  VCS  Window  Help        furiJavaLe...     ¥Chap1_4_1.java

⊕  ÷  ✿  —     C  Chap1_4_1.java

¥IdeaProjects¥furiJav  1 ▶      public class Chap1_4_1 {
                      2 ▶○         public static void main(String[] args) {
                      3               System.out.println("ハロー！");
                      4           }
                      5       }
                      6
```

❶mainメソッドの行にある［▶］をクリック

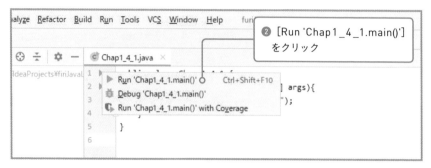

❷ [Run 'Chap1_4_1.main()'] をクリック

画面下部にコンソールが表示されます。

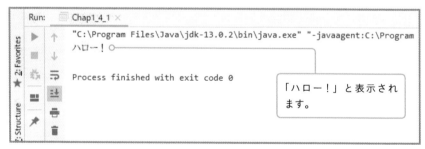

```
Run:    Chap1_4_1 ×
    "C:\Program Files\Java\jdk-13.0.2\bin\java.exe" "-javaagent:C:\Program
ハロー！

Process finished with exit code 0
```

「ハロー！」と表示されます。

いっぱい入力したのに、「ハロー！」って出ておしまい？

短いプログラムだから、そんなものだよ……。とにかく、ここで説明した操作はこれから何度も実行するものだから、よ〜く覚えておいてね

IntelliJのウェルカム画面とメイン画面を切り替える

IntelliJのメイン画面からウェルカム画面へ戻る方法を説明します。Windows
もmacOSも同じ手順です。

❶画面上部のツールバーの [File]
をクリック

❷ [Close Project] をクリック

ウェルカム画面が
表示されます。

プロジェクトの一覧が
表示されます。

プロジェクトを作成したあとは、ウェルカム画面でプロジェクトの一覧が表示
されるようになります。一覧のプロジェクト名をクリックすると、メイン画面
が表示されます。

プログラムの構造を見てみよう

さっき飛ばした「入力済みの部分」と「psvmから置き替えられた部分」について説明しよう

お願いします！

プログラムの全体を掴む

あらためてChap1_4_1クラスのプログラムに、ふりがなを振ってみましょう。

■Chap1_4_1.java

```
    パブリック設定   クラス作成   Chap1_4_1という名前
1   public class Chap1_4_1{
        パブリック設定    静的   戻り値なし mainという名前 String[]型    引数args
2   public static void main(String[] args){
            Systemクラス   標準出力   表示しろ      文字列「ハロー！」
3   System.out.println("ハロー！");
    ブロック終了
    }
ブロック終了
}
```

いくつか{}（波カッコ）がありますね。この波カッコで囲まれた範囲をブロックといい、プログラムの一部を区分けする働きがあります。この例ではブロックが入れ子になっており、「Chap1_4_1クラス」というもののブロック内に、「mainメソッド」のブロックが入っています。

```
public class Chap1_4_1{              Chap1_4_1クラスのブロック
   public static void main(String[] args){       mainメソッドのブロック
      System.out.println("ハロー！");
   }
}
```

30ページで入力した「psvm」は、「public static void main」の略です。Java のプログラムは、mainメソッドを最初に実行するというルールがあるので、mainメソッドは必ず作る必要があります。これ以降も毎回入力するので、「psvm」と入力してmainメソッドに置き替える方法は、ぜひ覚えておいてください。

読み下し文

1　**パブリック設定でChap1_4_1という名前のクラスを作成せよ{**

2　**パブリック設定かつ静的で、戻り値がなく、String[]型の引数argsを受けとる mainという名前のメソッドを作成せよ**

3　**{　文字列「ハロー！」を表示しろ。　}**

}

パブリック設定、戻り値、型など、見慣れない単語があると思いますが、このあと少しずつ解説をしていくので、ゆっくり理解していきましょう。

Chap1_4_1クラスを作って、その中にmainメソッドを作って、mainメソッドの中にプログラムを書いていく……と、なんとなくですけど理解できました！

最初のうちは、それで大丈夫だよ。見慣れない単語も少しずつわかるようになるよ

演算子を使って計算する

> Javaでは「式」を使って四則計算ができるんだ。「演算子（えんざんし）」の使いこなしが重要になるよ

> 「式」はわかりますけど、「エンザンシ」って言葉がもう難しそうですね……

> 大丈夫。算数で勉強した紙に書いた式と基本的に変わりはない。演算子は「+」や「-」などの記号だよ

演算子と数値を組み合わせて「式」を書く

　プログラムで計算するには数学の授業で習うものに似た「式」を書きます。算数の四則計算では「+」「-」「×」「÷」などの記号を用いて式を書きますが、Javaでこれらの記号に当たるものが「演算子」です。どの演算子を使うかによって、組み合わせる値同士をどのように計算するかが決まります。

　演算子もメソッドと同様に「命令」なので、「+」であれば「足した結果を出せ」と読み下すことができます。

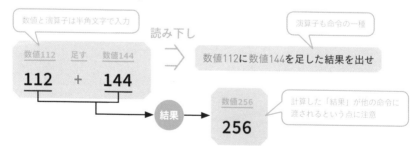

　演算子を使えば、基本的な四則演算の他に、べき乗、割り算の「余り」などを求められます。「+」や「-」は紙に書く式の記号と同じですが、掛け算や割り算の演算子は別の記号に置き替えられています。

主な計算用演算子一覧

演算子	読み方	例
+	左辺に右辺を足した結果を出せ	2 + 3
-	左辺から右辺を引いた結果を出せ	7 - 4
*	左辺に右辺を掛けた結果を出せ	6 * 2
/	左辺を右辺で割った結果を出せ	10 / 5
%	左辺を右辺で割った余りを出せ	23 % 9

※左辺は演算子の左側にあるもの、右辺は右側にあるものを指す。

足し算と引き算

実際に式を書いて、その計算結果を求めてみましょう。計算結果を表示するには、System.out.printlnメソッドの目的語として式を書きます。文字列ではないので、数値や式を指定する際は「"」で囲まないでください。

以降のページでは、mainメソッド内のプログラムのみを記載します。実際に入力するときには、28ページのようにChap 1 _ 6 _ 1 クラスを作成してmainメソッドを書いて、mainメソッドのブロック内に処理を書いてください。

■ Chap 1 _ 6 _ 1.java

```
Systemクラス  標準出力    表示しろ     数値10 足す 数値5
System.out.println( 10 + 5 );

Systemクラス  標準出力    表示しろ     数値10 引く 数値5
System.out.println( 10 - 5 );
```

3

4

これを読み下す場合、まずは式を優先します。先に演算子も命令の一種だと説明しましたが、このように命令（上の場合はSystem.out.printlnメソッド）の中に別の命令（演算子）を書く、命令の入れ子のような書き方がプログラミングではよく出てきます。

読み下し文

3 数値10に数値5を足した結果を表示しろ。

4 数値10から数値5を引いた結果を表示しろ。

実際に入力してみましょう。例文のように複数行のプログラムを書いた場合、上の行から順に実行された結果が表示されます。

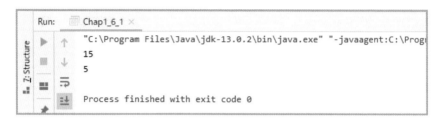

掛け算と割り算

掛け算の演算子は「*（アスタリスク）」、割り算は「/（スラッシュ）」を用います。なお、割り算で数値の0で他の数値を割ろうとするとエラーになる点に注意してください。

足し算や引き算と同様に、カッコ内の計算結果が求められてから、System.out.printlnメソッドによる「表示しろ」という命令が実行されます。

■ Chap1_6_2.java

```
    Systemクラス    標準出力    表示しろ    数値10 掛ける 数値5
3   System.out.println( 10 * 5 );
    Systemクラス    標準出力    表示しろ    数値10 割る 数値5
4   System.out.println( 10 / 5 );
```

読み下し文

3　数値10に数値5を掛けた結果を表示しろ。

4　数値10を数値5で割った結果を表示しろ。

整数と実数

　プログラムで扱う数値には整数と実数（正確には「浮動小数点数」）の2種類があります。整数は小数点以下のない「-900」「0」「4000」のような数値で、実数は小数点を含む数値です。小数点を含まずにそのまま書いた場合は整数になり、「.（ピリオド）」を入れて「0.5」のように書くと実数になります。

■ Chap1_6_3.java

```
3    System.out.println( 2 + 0.5 );
```

読み下し文

3　数値2に数値0.5を足した結果を表示しろ。

```
Run:    Chap1_6_3 ×
        "C:\Program Files\Java\jdk-13.0.2\bin\java.exe" "-javaagent:C:\Prog
        2.5

        Process finished with exit code 0
```

演算子って聞いて難しそうって思いましたが、普通の算数で安心しました

演算子を使った計算処理はよく使うから、掛け算の「*」や割り算の「/」は忘れないようにね

整数同士のほうが計算が高速

「2+0.5」のように実数と整数を含む式を実行すると、計算結果は実数の「2.5」になります。整数同士の計算のほうが圧倒的に速いので、特に理由がなければ整数のみで式を書きましょう。

長い数式を入力する

プログラムでは1つの式に演算子が複数入った複雑な計算もできるよ

算数では掛け算と割り算が先、足し算、引き算があとになると習いました

そう！　Javaの式も基本的にその原則どおりの順番で計算が実行されるんだ

長い式では計算する順番を意識する

　演算子を複数組み合わせれば、1行で複雑な計算ができる長い式を書くことができます。その際に注意が必要なのが演算子の優先順位です。演算子の優先順位が同じなら左から右へ出現順で計算されますが、順位が異なる場合は順位が高いものから先に計算します。例えば*（掛け算）は、+（足し算）や-（引き算）より優先順位が高いので、先に計算します。

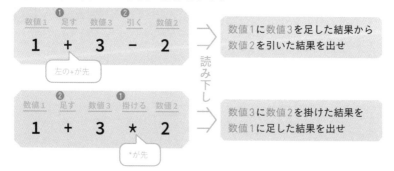

　Javaの演算子の優先順位を右ページの表にまとめました。優先順位によって読み下し方が変わるので、本書では複数の演算子が出現するわかりにくい式に限って、丸数字で優先順位を示します。

演算子の優先順位一覧

演算子	記号
後置	++、--
前置、単項	++、--、+、-、~、!
乗算、除算、剰余	*、/、%
加算、減算	+、-
シフト	<<、>>、>>>
関係	<、>、<=、>=
等価、不等価	==、!=
ビット単位論理積	&
ビット単位排他的論理和	^
ビット単位論理和		
論理積	&&
論理和	|=
三項	? :
代入	=、+=、-=、*=、/=、%=、&=、^=、|=、<<=、>>=、>>>=

※上から順番に優先順が高い。

演算子ってこんなにあるんですか？　見たことないものばっかりです

今は計算に関係するものだけ知っておけば十分。あとはちょっとずつ覚えていこう。この表は優先順位に迷ったときに見直せば大丈夫だよ

なるほど！　ある程度勉強したら、見直してみようと思います

同じ優先順位の演算子を組み合わせた式

まずは同じ順位の演算子を組み合わせた式を使ってみましょう。すべて「+」なので、計算は左端の「+」から右に向かって順番に実行されます。

■Chap 1 _ 7 _ 1.java

3

読み下し文

3 数値2に数値10を足した結果に数値5を足した結果を表示しろ。

計算結果は以下のようになります。

```
Run:    Chap1_7_1 ×
    "C:\Program Files\Java\jdk-13.0.2\bin\java.exe" "-javaagent:C:\Progr
    17

    Process finished with exit code 0
```

最初に1つ目の「+」によって「2+10」が計算されて12という結果が出ます。2つ目の「+」はその結果と5を足すので、「12+5」が計算されて17という結果が求められます。

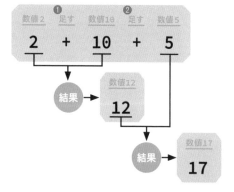

最後にその結果がSystem.out.printlnメソッドに渡されて「17」と画面に表示されます。

41ページの表を見るとわかるように「+」と「-」、「*」と「/」はそれぞれ優先順位が同じですから、それらを組み合わせた場合も、同じように左から右へ実行されます。

優先順位が異なる演算子を組み合わせた式

「+」と「*」のように、優先順位が異なる演算子を組み合わせた式を試してみましょう。2つ目の「+」の代わりに「*」を書きます。それ以外は同じですが、優先順位が異なるせいで計算結果も変わってきます。

■Chap1_7_2.java

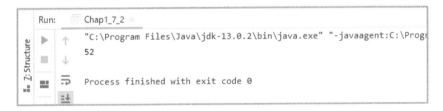

Systemクラス　標準出力　表示しろ　数値2 ❷足す 数値10 ❶掛ける 数値5

```
System.out.println( 2 + 10 * 5 );
```

読み下し文

3　数値10に数値5を掛けた結果を数値2に足した結果を表示しろ。

計算結果は次のように「52」となります。

```
Run:    Chap1_7_2 ×
   ►  ↑  "C:\Program Files\Java\jdk-13.0.2\bin\java.exe" "-javaagent:C:\Progr
      ↓  52
      ⇥  Process finished with exit code 0
```

この式では先に「10*5」という計算が行われます。その結果の50が2に足されるので、最終結果は52になります。

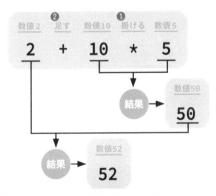

「途中で一時的な結果が出る」ことをイメージするのが重要だよ。そうしないとあとで出てくるメソッドや変数が混ざった式の意味がわからなくなるんだ

カッコを使って計算順を変える

　優先順位が低い演算子を先に計算したい場合は、その部分をカッコで囲みます。このカッコはカッコ内の式の優先順位を一番上にする働きを持ちます。この働きを「式結合」といいます。

■Chap1_7_3.java

3
　System（クラス）　標準出力　　表示しろ　　　数値2 ❶足す 数値10 ❷掛ける 数値5
```
System.out.println(( 2 + 10 ) * 5 );
```

　カッコ内の「+」のほうが優先順位が上がるので、「2+10」の結果に5を掛けろという読み下し文になります。

読み下し文

3　数値2に数値10を足した結果に数値5を掛けた結果を表示しろ。

　このプログラムを実行すると「60」と表示されます。

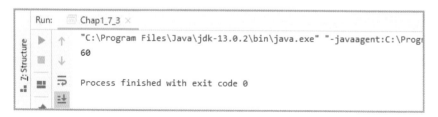

カッコの中にカッコが入れ子になった式

　カッコの中に、さらにカッコが入った式を書くこともできます。その場合は「より内側にある」カッコが優先されます。

■Chap1_7_4.java

3
　System（クラス）　標準出力　　表示しろ　数値5 ❸割る 数値4 ❷掛ける 数値1 ❶引く 数値0.2
```
System.out.println(5 / (4 * (1 - 0.2)));
```

　カッコの優先順位を反映すると、次のような読み下し文になります。

読み下し文

3　数値1から数値0.2を引いた結果を数値4に掛け、その結果で数値5を割った結果を表示しろ。

　　内側のカッコが最優先なので、「1-0.2」が先に計算されて0.8という結果が出ます。次に「4*0.8」が計算されて3.2という結果が出ます。最後に「5/3.2」が計算され、「1.5625」という結果が表示されます。

```
Run:    Chap1_7_4 ×
   ▶  ↑   "C:\Program Files\Java\jdk-13.0.2\bin\java.exe" "-javaagent:C:\Progr
   ■  ↓   1.5625
   ■  ⇥   Process finished with exit code 0
```

カッコが重なるとややこしいですねー

とにかく内側のカッコほど優先すると覚えておこう

負の数を表す「-」

　「-」という演算子は書く場所によって意味が変わります。左側にあるものが数値なら「引く」という意味になりますが、それ以外の場合は「負の数」を表します。また、負の数の「-」は「*」や「/」よりも優先順位が上がります。「-5は-演算子と数値5の組み合わせだ」と考えなくても正しい結果は予想できると思いますが、場所によって意味が変わる演算子もあることは頭の隅に入れておいてください。

■ Chap1_7_5.java

Systemクラス 標準出力　　表示しろ　　数値2 ❸足す 数値10 ❷掛ける ❶数値-5

3　`System.out.println( 2 + 10 * -5 );`

```
Run:    Chap1_7_5 ×
   ▶  ↑   "C:\Program Files\Java\jdk-13.0.2\bin\java.exe" "-javaagent:C:\Progr
   ■  ↓   -48
   ■  ⇥   Process finished with exit code 0
```

変数を使って計算する

次は「変数」について学習しよう。変数はプログラムを効率的に書くために欠かせない要素の1つだよ

変数ですか。プログラムの中でコロコロ変わっていく数値という意味ですか？

イメージとしては近いかもね。ただ、変数では数値だけじゃなく、文字列も扱うことができるんだ

変数とは？

数値や文字列などのデータ類をまとめて「値（あたい）」と呼びます。同じ値を複数箇所で何度も使う場合、プログラムに値を直接入力していると、値を修正しなければいけなくなったときに手間がかかってしまいます。

このように事前に繰り返し使うことがわかっている値は、「変数」に入れておきましょう。「変数」は何らかの値を記憶できる箱のようなものと思ってください。変数は次の形で作成して、値を記憶します。

文字列「ハロー！」を、String型で作成した変数msgに入れろ。

Javaでは、値の種類にあわせた変数を作成しなければいけません。文字列を記憶したい場合は、「String 変数名」と書いてString（ストリング）型の変数を作成します。そのあとの「=（イコール）」は演算子の一種で、数学だと「等しい」という意味ですが、Javaでは「入れろ（代入しろ）」または「記憶しろ」という意味で使われます。

変数を作成してそこに値を代入する

　文字列を変数に記憶して、それを表示するプログラムを書いてみましょう。3行目で「ハロー！」という文字列をString型変数msg（messageの略）に入れています。4行目ではSystem.out.printlnメソッドのカッコ内に変数msgを書きます。

■Chap1_8_1.java

<u>String型</u>　　<u>変数msg 入れろ</u>　　<u>文字列「ハロー！」</u>

```
3  String_msg = "ハロー！";
```

<u>Systemクラス</u>　<u>標準出力</u>　　<u>表示しろ</u>　　　<u>変数msg</u>

```
4  System.out.println( msg );
```

　すでに説明したように「String 変数」と書くと、String型の変数が作られます。型（Type）は、「データの種類」を表す用語で、String型の他にもさまざまな型があります。これについては後ほどあらためて説明します（59ページ参照）。

　値を入れた変数は値の代わりに使えます。ですから「System.out.println(msg);」は「変数msgの内容を表示しろ。」または「変数msgを表示しろ。」と読み下せます。

読み下し文

3　**文字列「ハロー！」を、String型で作成した変数msgに入れろ。**

4　**変数msgを表示しろ。**

　プログラムの実行結果は以下のとおりです。変数msgには文字列「ハロー！」が入っているので、それがSystem.out.printlnメソッドで表示されます。

```
Run:    Chap1_8_1
  ▶  ↑   "C:\Program Files\Java\jdk-13.0.2\bin\java.exe" "-javaagent:C:\Prog
  ■  ↓   ハロー！
  ≡  ⊐   Process finished with exit code 0
```

　「System.out.println("ハロー！");」って書いたときと結果が同じですよね？　何の意味があるんですか？

今の例は書き方を説明しただけだからね。次はもう少し実用的な例を試してみよう

変数を使うメリットは？

　次の例は、2つの変数を使用しています。double型の変数valueに何かの商品価格を入れると、3割引き（つまり価格の7割）の売り値を割り出して変数saleに入れ、それを表示するというプログラムです。

■Chap1_8_2.java

```
      double型      変数value 入れろ 数値100
3   double_value = 100;
      double型      変数sale 入れろ 変数value 掛ける 数値0.7
4   double_sale = value * 0.7;
      Systemクラス  標準出力     表示しろ        変数sale
5   System.out.println( sale );
```

　doubleは倍精度浮動小数点数（double precision floating point number）から来た名前で、精度が高い実数を意味しています。実数のための型には精度が低いfloat（フロート）型もあります。

読み下し文

3 数値100を、double型で作成した変数valueに入れろ。

4 変数valueに数値0.7を掛けた結果を、double型で作成した変数saleに入れろ。

5 変数saleを表示しろ。

　変数valueに100を入れて計算したので、結果は70.0となります。

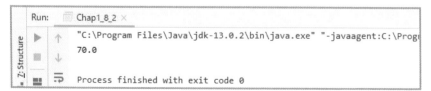

3行目の変数valueに入れる数値を150に変更してみましょう。それだけで4行目以降の計算結果が変わります。

■ Chap1_8_3.java

```
double型      変数value 入れろ 数値150
3  double value = 150;

   double型      変数sale 入れろ 変数value 掛ける 数値0.7
4  double sale = value * 0.7;

   Systemクラス 標準出力      表示しろ        変数sale
5  System.out.println( sale );
```

読み下し文

3 数値150を、double型で作成した変数valueに入れろ。

4 変数valueに数値0.7を掛けた結果を、double型で作成した変数saleに入れろ。

5 変数saleを表示しろ。

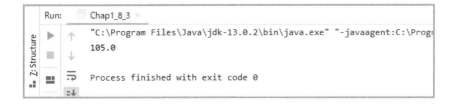

```
Run:    Chap1_8_3 ×
        "C:\Program Files\Java\jdk-13.0.2\bin\java.exe" "-javaagent:C:\Prog
        105.0

        Process finished with exit code 0
```

なぜそうなるのか、以下の図でプログラムの流れを追いかけてみてください。変数valueの値を変えると、それを参照している部分すべての結果が変わっています。

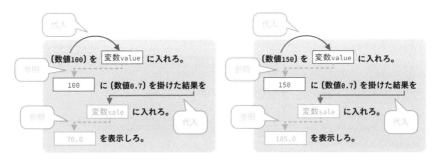

変数の命名ルールと スペースの入れどころ

さっきは説明しなかったけど、変数の名前に使える文字には制限があるから、それを使って命名しないといけないよ

へー、何でそんな決まりがあるんですか？

それはね、Javaのコンパイラがプログラムを解読するしくみと関係があるんだ

変数の命名ルールを覚えよう

変数の命名ルールを3項目に分けて説明します。この命名ルールはメソッドやクラスの名前でも共通です。これらは守らないとプログラムが正しく動かない最低限のルールで、その他に読みやすいプログラムを書くための慣習的なルールもあります。

❶半角のアルファベット、数字、アンダースコア、ドル記号を組み合わせる

アルファベットのa〜z、A〜Z、数字の0〜9、「_（アンダースコア）」、「$（ドル記号）」を組み合わせた名前を付けることができます。

実は漢字などの全角文字も許可されているのですが、半角の演算子やメソッドと混在すると入力が面倒になるのでおすすめしません。

❷数字のみ、先頭が数字の名前は禁止

数字のみの名前は数値と区別できないので禁止です。また、名前の先頭を数字にすることも禁止されています。

```
OKの例：  answer   name 1   name 2   my_value   $text   BALL
NGの例：  !mark    12345    1day     a+b        x-y
```

❸キーワードと同じ名前は禁止

　以下に挙げるキーワードを「予約語」といい、Javaで別の目的で使用することが決まっています。例えばChapter 2で登場するif、elseは条件分岐のために使うキーワードなので、変数名に使うことはできません。ただし、「ifstory」のように他の文字と組み合わせた場合はOKです。「if」のみの単独の名前としては使えないということです。

```
abstract  assert  boolean  break  byte  case  catch  char  class  const
continue  default  do  double  else  enum  extends  final  finally  float
for  goto  if  implements  import  instanceof  int  interface  long  native
new  package  private  protected  public  return  short  static  strictfp
super  switch  synchronized  this  throw  throws  transient  try  void
volatile  while  _ （アンダースコア）
```

　また、「true」「false」「null」は予約語ではないのですが、Javaがあらかじめ用意した定数（値を変更できない変数）であるため、変数として使うことはできません。

数学の数式みたいに、aとかxとかのアルファベット1文字の名前を付けることもできるよ。ただし使いすぎは禁物だ

どうしてですか？　短くて入力しやすいのに

aやxという名前だけ見ても、何のための変数かわからないだろう。textなら文字が入っていると、numberなら数値が入っていると予想が付く

なるほど、名前の付け方でも、プログラムのわかりやすさが左右されるんですね

スペースの入れどころ

サンプルプログラムでは、演算子の前後にスペースが入っているように見えるんですが、入れないといけないんですか？

ふりがなのための空きだから入れても入れなくてもいいよ

え、どっちがいいんですか？　決めてくださいよ

絶対にスペースで区切らないといけないところはあるんだけど、それ以外はどっちでもいいんだよ

　Javaのプログラムには、半角スペースで絶対に区切らないといけない部分があります。それ以外は入れても入れなくても結果は変わりません。それを見分けるポイントは、変数名に使える文字かどうかです。

　Javaで書いたプログラムは「Javaコンパイラ」というプログラムが翻訳して実行します。Javaコンパイラは、プログラムを1文字ずつたどっていって、変数、演算子、メソッド、数値などを識別します。識別の基準は文字の種類です。

　例えば「answer=value1+124;」のようにまったく区切りのないプログラムがあったとしても、演算子の「=」と「+」は変数の名前としてNGな記号なので、そこで区切られると見なします。

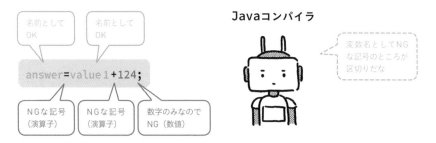

Javaコンパイラ

変数名としてNGな記号のところが区切りだな

名前として
OK

名前として
OK

answer=value1+124;

NGな記号
（演算子）

NGな記号
（演算子）

数字のみなので
NG（数値）

　つまり、演算子が途中に入っていれば、変数との間に半角スペースが入っても入らなくても結果は同じです。

　次は半角スペースを入れないといけないケースです。intなどの型名は、変数名に使える文字でできています。そのため、予約語と変数の間を空けなかったら、1つの言葉と見なされてエラーになります。例えば「int answer」の間を空けずに詰めて「intanswer」と書くと意味が変わってプログラムが正しく解釈されなくなります。この場合は絶対に1つ以上の半角スペースで空けなければいけません。

Javaコンパイラ

名前としてOK

intanswer=10;

数字のみなので
NG（数値）

intanswerって
変数かな？

　本書では、半角スペースを絶対に入れないといけない場所は、␣記号で明記します。

なんか難しい話でしたね……

とりあえず「予約語、型名、変数の間は半角スペースを入れる」って覚えておけば大丈夫だよ

IntelliJのコード補完機能を活用する

「System.out.println();」はIntelliJのコード補完機能を使って、入力できます。「sout」と入力すると補完するコードの一覧が表示されるので、「sout」が選ばれている状態で Enter キーを押すと「System.out.println();」が補完入力されます。

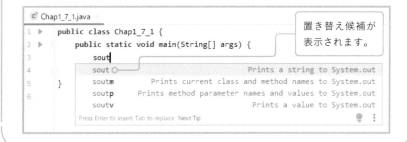

置き替え候補が
表示されます。

```
C Chap1_7_1.java
1 ▶  public class Chap1_7_1 {
2 ▶    public static void main(String[] args) {
3        sout
4        sout ○                              Prints a string to System.out
5    }   soutm        Prints current class and method names to System.out
6        soutp    Prints method parameter names and values to System.out
         soutv                             Prints a value to System.out
    Press Enter to insert  Tab to replace  Next Tip
```

データの入力を受け付ける

 次はデータを入力してもらうためのプログラムを作ってみよう。Scanner（スキャナー）クラスを使うよ

すきゃなー？　どういう意味ですか？

 スキャン（scan）する、つまり読み込みをしてくれる人ってことだね

Scannerクラスを使う

System.out.printlnメソッドが指定したデータを「出力（表示）」するのに対して、ScannerクラスのnextLineメソッドは入力したデータを「取得」するメソッドです。実行すると指定したデータの1行を取得します。Scannerクラスを使用するクラスファイルでimport（インポート）文を使って、Scannerクラスを取り込みます。

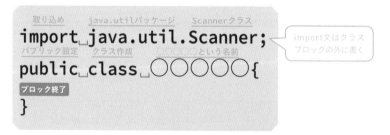

読み下し　　　　java.utilパッケージのScannerクラスを取り込め。
パブリック設定で○○○○○という名前のクラスを作成せよ{}

Systemクラスなどimport文で取り込む必要のないクラスもありますが、多くのクラスはimport文で使用したいクラスを取り込みます。import文はクラスブロックの外側に書きます。importのあとに空白を入れて、そのあとにパッケー

ジ名とクラス名を「.（ドット）」でつなぎます。パッケージはクラスを分離する
フォルダのようなもので、Scannerクラスがjava.utilパッケージの中に入ってい
ることを表しています。javaから始まるパッケージのクラスは、Javaであらかじ
め用意された組み込みクラス（138ページ参照）です。

まずは、Chap1_10_1クラスを作って、import文をブロックの外側に書きま
しょう。

■Chap1_10_1.java

```
1   import java.util.Scanner;
2   public class Chap1_10_1{
3       public static void main(String[] args){
        }
    }
```

取り込め　　java.utilパッケージ　　Scannerクラス

パブリック設定　クラス作成　Chap1_10_1という名前

パブリック設定　静的　戻り値なし　mainという名前　String[]型　引数args

ブロック終了

ブロック終了

ここまでを読み下してみましょう。

読み下し文

1　java.utilパッケージのScannerクラスを取り込め。

2　パブリック設定でChap1_10_1という名前のクラスを作成せよ{

3　パブリック設定かつ静的で、戻り値がなく、String[]型の引数argsを受けとる
　mainという名前のメソッドを作成せよ{ }

　}

ScannerクラスのnextLineメソッドは、インポートしただけでは利用できま
せん。newを利用してScannerクラスをインスタンス化（138ページ参照）する
ことで、nextLineメソッドを利用できる状態になります。

```
Scanner型                  入れろ 新規作成   Scannerクラス   Systemクラス 標準入力
Scanner␣変数a = new␣Scanner(System.in);
String型              入れろ              次の行を取得しろ
String␣変数b = 変数a.nextLine();
```

読み下し

> 標準入力を渡してScannerクラスのインスタンスを新規作成し、Scanner型で作成した
> 変数aに入れろ。
> 変数aから次の行を取得し、String型で作成した変数bに入れろ。

　インスタンス化したクラスは、型にクラス名を指定した変数に入れることができます。Scannerクラスをインスタンス化するときに「System.in」を指定することで、ユーザーがキーボードからの入力を待つ状態にできます。

　インスタンス化するとnextLineメソッドを使える状態になるので、nextLineメソッドを使って入力された結果を文字列として取得します。このようなメソッドが返してくる値を「戻り値（もどりち）」といいます（62ページ参照）。

　それでは、55ページで作ったChap1_10_1クラスのmainメソッド内に、キーボードから入力を求めるプログラムを書いていきましょう。

■Chap1_10_1.java（mainメソッド内）

```
      Systemクラス    標準出力       表示しろ          文字列「入力せよ」
4   System.out.println("入力せよ");
      Scanner型      変数scanner  入れろ 新規作成   Scannerクラス   Systemクラス 標準入力
5   Scanner␣scanner = new␣Scanner(System.in);
      String型     変数input 入れろ  変数scanner        次の行を取得しろ
6   String␣input = scanner.nextLine();
      Systemクラス   標準出力      表示しろ        変数input
7   System.out.println(input);
```

読み下し文

4 　文字列「入力せよ」を表示しろ。

5 　標準入力を渡してScannerクラスのインスタンスを新規作成し、Scanner型で作成した変数scannerに入れろ。

6 　変数scannerから次の行を取得し、String型で作成した変数inputに入れろ。

7 　変数inputを表示しろ。

　これまでのプログラムは実行したら結果が表示されて終わりでしたが、今回はユーザーが操作する必要があります。

　まず、「入力せよ」というメッセージが表示され、入力待機状態になります。何か適当な文字を入力して Enter キーを押すと、次の行に進みます。

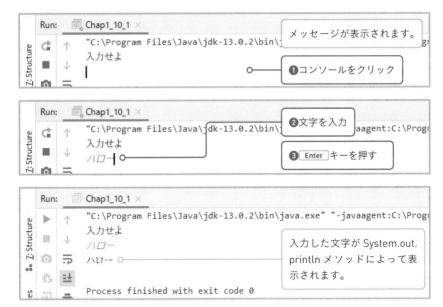

入力結果をちょっと加工して表示する

　同じものを表示するだけでは面白くないので少しだけ加工してみましょう。ユーザーが入力したデータに、文字列を追加してみます。Chap1_10_2クラスを作成して、以下のプログラムをmainメソッドに書きましょう。Chap1_10_1クラスと同様にクラスブロック外に、Scannerクラスのimport文を書き忘れない

ようにしてください。

■Chap1_10_2.java（mainメソッド内）

```
4  System.out.println("入力せよ");
```
Systemクラス　標準出力　　表示しろ　　　　文字列「入力せよ」

```
5  Scanner scanner = new Scanner(System.in);
```
Scanner型　　変数scanner　入れろ 新規作成　Scannerクラス　Systemクラス 標準入力

```
6  String input = scanner.nextLine();
```
String型　　変数input 入れろ　変数scanner　　次の行を取得しろ

```
7  System.out.println("入力したのは"+input);
```
Systemクラス　標準出力　　表示しろ　　　文字列「入力したのは」　　連結 変数input

　ここで注目してほしいのが、+演算子のふりがなです。「+」は左右に数値があればそれを足せという命令ですが、左右のどちらかが文字列の場合、両者を「連結せよ」という命令に変化します。

読み下し文

4　文字列「入力せよ」を表示しろ。

5　標準入力を渡してScannerクラスのインスタンスを新規作成し、Scanner型で作成した変数scannerに入れろ。

6　変数scannerから次の行を取得し、String型で作成した変数inputに入れろ。

7　文字列「入力したのは」と変数inputを連結した結果を表示しろ。

　実行結果は以下のようになります。ユーザーが入力した文字列の前に、「入力したのは」という文字列が追加されることが確認できます。

```
Run:  Chap1_10_2 ×
      "C:\Program Files\Java\jdk-13.0.2\bin\java.exe" "-javaagent:C:\Prog
      入力せよ
      ハロー
      入力したのはハロー

      Process finished with exit code 0
```

11 数値と文字列を変換する

数値を入れる変数を作るときはdoubleでしたっけ？

実数だったらdoubleかfloat、整数だったらintだね

また新しい型が出てきた。全部でどれだけあるんですか？

Javaでは型を自作できるから理屈の上では無限大にある。でも最初は「組み込み型」だけ覚えればいいかな

「組み込み型」とは？

Javaは「クラス」というしくみを使って型を増やすことができ、Chapter 4以降ではオリジナルのクラスを作ります。しかし、最初の段階で覚えておいてほしいのは、Javaに最初から用意されている組み込み型です。数値や文字列といった最低限必要なデータを記憶するためのものです。

代表的な組み込み型

データ型	意味	値の書き方
int（イント）	整数	数字の組み合わせ（128）
double（ダブル）	倍精度実数	小数点以下を付ける（8.0）
float（フロート）	単精度実数	実数の最後にfを付ける（10.2f）
String（ストリング）	文字列	ダブルクォートで囲む（"ハロー！"）
boolean（ブーリアン）	真偽値	trueまたはfalse（Chapter 2参照）

型を変換する

原則的に型が異なるものを変数に入れることはできません。例えば、int型の

変数にdouble型の値を入れようとしたり、String型に数値を入れようとしたりすると「不適合な型」というエラーメッセージが表示されます（68ページ参照）。

Javaでは型を変換するためのメソッドが用意されており、例えば文字列を数値に変換したいときには、Integer.parseIntメソッドに引数で指定した文字列を数値として返してくれます。

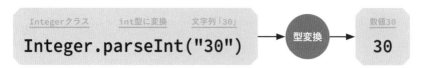

Integer.parseIntメソッドを使ったプログラムを書いてみましょう。

■ Chap1_11_1.java

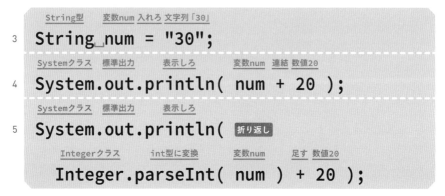

読み下し文

3 文字列「30」を、String型で作成した変数numに入れろ。

4 変数numと数値20を連結した結果を表示しろ。

5 変数numをint型に変換した結果に数値20を足した結果を表示しろ。

1つ目のSystem.out.printlnメソッドでは、文字列と数値の連結になっていますが、2つ目では数値の足し算として扱われていることがわかります。

数値を文字列へ変換する

数値を文字列に変換したいときは、String.valueOfメソッドを利用します。こちらは引数として指定した数値を文字列として返してくれます。

String.valueOfメソッドを使ったプログラムを書いてみましょう。

■ Chap1_11_2.java

```
int型  変数num 入れろ 数値30
3  int_num = 30;

Systemクラス  標準出力  表示しろ  変数num 足す 数値20
4  System.out.println( num + 20 );

Systemクラス  標準出力  表示しろ  折り返し
5  System.out.println(

   Stringクラス  の値  変数num  連結 数値20
   String.valueOf( num ) + 20 );
```

読み下し文

3 数値30を、int型で作成した変数numに入れろ。

4 変数numに数値30を足した結果を表示しろ。

5 変数numをString型に変換した結果と数値20を連結した結果を表示しろ。

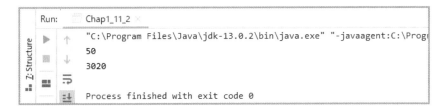

1つ目のSystem.out.printlnメソッドでは、数値の足し算になっていますが、2つ目では文字列と数値の連結として扱われていることがわかります。

クラスとメソッド

ここまで使ってきたSystem.out.printlnは「メソッド」と呼ばれるもので、コンピュータにさまざまな仕事をさせるんだ

なんとなく使ってきましたけど、メソッドがないとプログラムは書けませんよね。しっかりマスターしたいです！

いい心がけだね！　メソッドにも共通するルールがあるから、一度覚えればいろいろと応用が利くよ

引数と戻り値

　「Javaでいろいろなことができる」の「いろいろ」を受け持つのがメソッドです。System.out.printlnの他にもさまざまなメソッドがあり、メソッドを覚えただけ、作れるプログラムの幅が広がります。ここでメソッドの使い方をあらためて覚えておきましょう。

　メソッドのあとには必ずカッコが続き、その中に文字列や数値、式などを書きます。これまでは「目的語」と説明してきましたが、正確には「引数（ひきすう）」といいます。プログラム内に「メソッド名(引数)」と書くと、メソッドはそれぞれに割り当てられた仕事をします。メソッドに仕事をさせることを「呼び出す」といいます。

　文字列や数値などの何らかの値を返してくるメソッドもあります。メソッドが返す値のことを「戻り値（もどりち）」といいます。このような戻り値を返すメ

ソッドは、それを変数に代入したり、式の中に混ぜて書いたり、他のメソッドの引数にしたりすることができます。

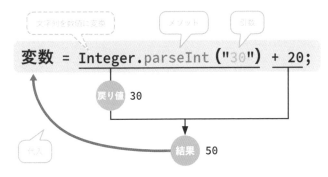

式の中に数値と混ぜてメソッドが書けるって何か不思議ですね

要は「数値の戻り値を返すメソッドは、数値の代わりに使える」ってこと。これが理解できると応用範囲が広がるよ

複数の引数を渡す

ここまでメソッドには1つの引数を指定してきましたが、複数の引数を受けとれるメソッドもあります。複数の引数を指定するには、カッコの中に「,(カンマ)」で区切って書きます。

■ Chap 1_12_1.java

```
int型  変数max 入れろ Integerクラス    最大    数値100  数値200
3   int max = Integer.max(100,200);

   Systemクラス   標準出力     表示しろ      変数max
4   System.out.println(max);
```

読み下し文

3   数値100と数値200の中の最大値を、int型で作成した変数maxに入れろ。

4   変数maxを表示しろ。

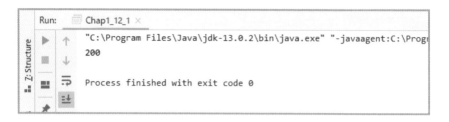

ここで使用しているInteger.max（インテジャー・マックス）メソッドは、引数に渡した2つの数値のうち大きなほうを返します。引数の使い方はメソッド次第です。何個の引数を受けとれるか、受けとった引数をどう使用するかはメソッドごとに変わります。

メソッドの「.（ドット）」の前にあるものは何？

これまで「System.out.printlnメソッド」と説明してきましたが、正確にはメソッドの名前は「println」だけです。では、「System」とは何なのでしょうか？実はこれがクラスというものの名前に当たります。

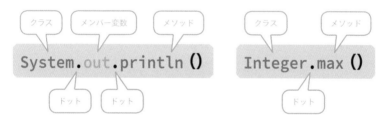

Javaでは、メソッドは必ずクラスに所属しています。Systemクラスにメンバー変数outがあり、メンバー変数outにはPrintStreamクラスのインスタンスというものが入っています（メンバー変数については144ページを参照）。printlnメソッドはPrintStreamクラスのメソッドなのです。Integerクラスには、maxメソッドやparseIntメソッドが所属しています。また、34ページで説明したように、Chap1_4_1などのクラスのブロックの中に、mainメソッドのブロックがあります。つまり、自分で書くときもクラスの中にメソッドが所属しているわけです。

何でクラスが必要なんでしょう？　printlnだけのほうが
短くて覚えやすいですよね？

Javaのオブジェクト指向にも関連してくるんだけど、命
令（メソッド）を管理しやすいように機能ごとにグルー
プ分けをしているんだ

静的メソッドとインスタンスメソッド

「クラス.メソッド()」の形で呼び出すメソッドを静的メソッドといいます。
Integer.maxメソッドは静的メソッドに当たります。その他にインスタンスメソッドと呼ばれるものがあります。

インスタンスとはクラスに実体を持たせた状態で、データを記憶できる状態になります。変数の中に入れて使うため、インスタンスメソッドを呼び出すときは
「変数.メソッド()」という書き方になります。

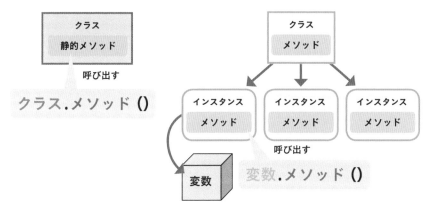

また、難しいことをいい出しましたね〜

インスタンスの説明が出てくるのはしばらく先なんだけ
どね。「クラス.メソッド()」だけがメソッドの呼び出し方
じゃないってことを先に知ってほしかったんだ

エラーメッセージを読み解こう①

> プログラムを実行したら、コンソールに「Error」って出てきたんですけど……

> どれどれ、見せてごらん。ああ、これはエラーメッセージだね。変数やメソッドのつづりが間違ってるみたいだよ

名前を間違えたときに表示されるエラー

メソッド名や変数名のミスタイプは、ベテランでもなかなか避けられないエラーです。表示されるエラーメッセージは、変数名を間違えたときとメソッド名を間違えたときでは、表示されるメッセージが異なります。

■エラーが発生しているプログラム

```
3    int num = 10;

4    num = nom * num;

5    System.out.printlm(num);
```

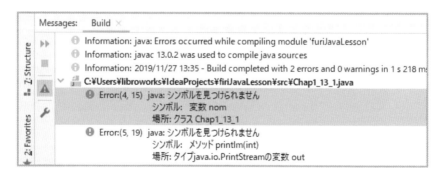

変数名とメソッド名を間違えているのですが、どこが間違いかわかりますか？

■エラーメッセージ

5　Error:(4, 15) java: シンボルを見つけられません

6　　シンボル: 変数 nom

7　　場所: クラス Chap1_13_1

　カッコの中の数字は、エラーが発生している行、列番号です。「(4, 15)」なので、4行目の15列目を指しています。シンボル（symbol）は、象徴という意味がある単語ですが、ここでは識別子（識別する名前のこと）という意味で使われています。上記のエラーメッセージは「4行目の15列目にある、Chap1_13_1クラスの変数nomが見つかりません。」と言い替えることができます。確かに指摘のとおり「nom」という名前の変数はありませんね。「num」の打ち間違いです。

　もう1つのエラーコードを見てみましょう。

■エラーメッセージ

8　Error:(5, 19) java: シンボルを見つけられません

9　　シンボル: メソッド printlm(int)

10　　場所: タイプjava.io.PrintStreamの変数 out

　先ほどと同じように、わかりやすく言い替えると「5行目の19列目にある、java.io.PrintStream型の変数outのprintlm(int)メソッドが見つかりません。」となります。「println」を「printlm」と打ち間違いをしています。64ページでも説明したようにprintlnメソッドは、Systemクラスが持つ変数outに入ったPrintStreamクラスのインスタンスなので、場所に「タイプjava.io.PrintStreamの変数 out」と表示されています。

よく見たら行数を教えてくれてたんですね

メッセージを日本語で出してくれるから、落ち着いて読めば原因がわかると思うよ

型が合っていないときに表示されるエラー

　59ページで変数と値の型が合っていないとエラーが表示されると説明しました。以下はint型の値をString型の変数に入れようとしたときに表示されるエラーです。

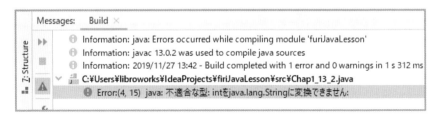

■エラーメッセージ

5　**Error:(4, 15) java: 不適合な型: intをjava.lang.Stringに変換できません:**

　誤りのある状態でプログラムを実行すると、エラーメッセージがコンソールに表示されます。IntelliJではプログラムを書いた段階で、間違っている箇所に赤い波線が表示されます。

```
  Chap1_13_1.java    Chap1_13_2.java
1 ▶  public class Chap1_13_2 {
2 ▶      public static void main(String[] args) {
3            String msg = "ハロー";
4   ♀       msg = 100;
5        }
6    }
```

　こういった赤い波線が表示されているときは、実行する前に内容を確認して、修正をしてから実行するようにしましょう。

IntelliJはプログラムの補完機能やエラーの警告表示で、プログラマーをサポートしてくれるんだ

実行前に間違っている場所を教えてくれるのは頼もしいですね！

printlnメソッドの正確な意味は「表示して改行しろ」

printlnメソッドに「表示しろ」とふりがなを付けていますが、処理をもっと厳密に表現すると「表示して改行しろ」となります。実は、大変よく似た名前の「System.out.printメソッド」が存在し、こちらが「表示しろ」という命令で改行処理は行いません。

```
System.out.println("hello.");

System.out.print("hello.");

System.out.println("hello.");
```

間違い探しのようですが、2行目がprintメソッドです。実行結果は以下のとおりです。

1つ目の「hello.」のあとは改行が入り、2つ目の「hello.」のあとは改行されず、続けて3つ目の「hello.」が表示されることがわかります。

復習ドリル

　Chapter 1で学んだことの総仕上げとして、以下の2つの例文にふりがなを振り、読み下し文を自分で考えてみましょう。正解はそれぞれのサンプルファイルが掲載されているページで確認してください。

問題1：計算のサンプル（44ページ参照）

■ Chap 1_7_4.java

```
System.out.println(5 / (4  * (1 - 0.2)));
```

問題2：変数を利用した計算のサンプル（48ページ参照）

■ Chap 1_8_2.java

```
double value = 100;

double sale = value * 0.7;

System.out.println( sale );
```

まずは「数値」「変数」「演算子」「メソッド」を区別するところからやってみよう

名前のあとにカッコが付いていたらメソッドですね

Chapter 2

条件によって分かれる文を学ぼう

条件分岐ってどんなもの？

コンビニではたいていお釣りを「大きいほう」から渡すよね。たぶん接客マニュアルに書いてあるんだと思うけど

「紙幣とコインが混ざっていたら、紙幣から先に渡す」とか書いてあるんでしょうね

それと同じように、プログラムで「○○だったら、××する」を書くのが条件分岐なんだ

条件分岐を理解するにはマニュアルをイメージする

　小説などの文章は先頭から順に読んでいくものですが、業務や家電のマニュアルだと「特定の状況のときだけ読めばいい部分」があります。プログラムでも条件を満たすときだけ実行する文があります。それが「条件分岐」です。プログラムの流れが分かれるので「分岐」といいます。

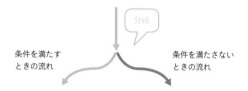

紙幣とコインが混ざっていたら
→紙幣から先に渡す
紙幣が2枚以上だったら
→客に確認してもらう
次にコインを渡す

分岐

条件を満たす
ときの流れ

条件を満たさない
ときの流れ

　プログラムにちょっと気の利いたことをさせようと思えば、条件分岐は欠かせません。分岐が多くなると処理の流れを把握しづらくなるので、「フローチャート（流れ図）」という図を描いて整理します。右図のひし形が条件分岐を表します。

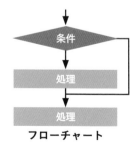

条件

処理

処理

フローチャート

「真（true）」と「偽（false）」

　条件分岐のためにまず覚えておいてほしいのが、「真（しん）」と「偽（ぎ）」です。真は条件を満たした状態を、偽は条件を満たしていない状態を表します。真を表す代表的な値にtrue（トゥルー）、偽を表す代表的な値にfalse（フォルス）があります。これらは文字列や数値と同じ値の一種で、「真偽値」（または論理値）と呼びます。

　Javaには、trueやfalseを返すメソッドや演算子があります。これらと真偽で分岐する文を組み合わせて、さまざまな条件分岐を書いていきます。

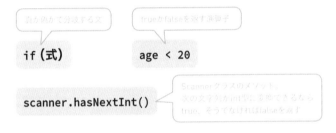

ここまで勉強してきたプログラムは、上から下に順番に実行されるものばかりだった。「条件分岐」と次のChapterで説明する「繰り返し」ではそれが変わるんだ

読み飛ばしたり、上に戻ったりすることが出てくるんですね

そういう感じ。こういう文を、流れを制御するという意味で「制御構文」と呼ぶよ

比較演算子で
大小を判定する

Webアプリと関係ないんですけど、毎月アンケートの集計をしてるんですよ。回答者の年齢を見て「未成年」「成人」とか振り分けないといけないんですが、Javaでできませんか？

 アンケートの振り分けまでは無理だけど、Javaで年齢層を判定するプログラムならすぐ作れるよ

判定のやり方だけでもいいので教えてください

比較演算子の使い方を覚えよう

　年齢層の判定とは、「20歳未満なら未成年」「20歳以上なら成年」のように、与えられた数値が基準値より大きいか小さいかを調べることです。Javaで大きい、小さい、等しいといった判定を行うには、比較演算子を使った式を書きます。

主な比較演算子

演算子	読み方	例
<	左辺は右辺より小さい	a < b
<=	左辺は右辺以下	a <= b
>	左辺は右辺より大きい	a > b
>=	左辺は右辺以上	a >= b
==	左辺と右辺は等しい	a == b
!=	左辺と右辺は等しくない	a != b

　「==」や「!=」などの2つの記号を組み合わせた演算子もありますが、数学で習う「不等式」と似ています。ただし、数学の不等式は解（答え）を求めるた

めの前提条件を表すものですが、プログラミング言語の比較演算子は、計算の演算子と同じく結果を出すための命令です。その結果とはtrueとfalseです。

比較する式の実行結果を見てみよう

実際にプログラムを書いて確認してみましょう。比較演算子を使った式をSystem.out.printlnメソッドの引数にして、式の結果を表示します。

■Chap 2 _ 2 _ 1.java

Systemクラス　標準出力　　表示しろ　　　数値4　小さい　数値5
3 `System.out.println( 4 < 5 );`

読み下し文

3 「数値4は数値5より小さい」の結果を表示しろ。

```
Run:    Chap2_2_1 ×
    "C:\Program Files\Java\jdk-13.0.2\bin\java.exe" "-javaagent:C:\Prog
    true

    Process finished with exit code 0
```

「数値4は数値5より小さい」は当然正しいですね。ですから表示される結果はtrueです。では、正しくない式だったらどうなるのでしょうか？

■Chap 2 _ 2 _ 2.java

Systemクラス　標準出力　　表示しろ　　　数値6　小さい　数値5
3 `System.out.println( 6 < 5 );`

読み下し文

3 「数値6は数値5より小さい」の結果を表示しろ。

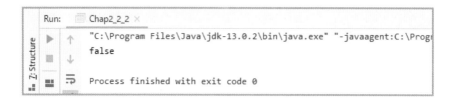

「数値6は数値5より小さい」は正しくないので結果はfalseになります。

数値同士の比較だと結果は常に同じです。しかし、比較演算子の左右のどちらか、もしくは両方が変数だったら、変数に入れた数値によって結果が変わることになります。

標準入力と組み合わせてみよう

Scannerクラスを利用して数値を入力し、その結果と比較するようにしてみましょう。ユーザーに年齢を入力してもらい、その数値が20未満かどうかをチェックします。Integer.parseIntメソッドで取得した結果の文字列を、int型に変換をし、数値として扱います。

■ Chap 2 _ 2 _ 3.java

```
取り込め  java.utilパッケージ  Scannerクラス
1  import java.util.Scanner;

   パブリック設定  クラス作成  Chap2_2_3という名前
2  public class Chap 2 _ 2 _ 3 {

   パブリック設定  静的  戻り値なし mainという名前  String[]型  引数args
3  public static void main(String[] args){

   Systemクラス  標準出力  表示しろ  文字列「年齢は」
4  System.out.println("年齢は");
```

```
     Scanner型        変数scanner    入れろ
5    Scanner␣scanner = 折り返し
     新規作成   Scannerクラス   Systemクラス 標準入力
     new␣Scanner(System.in);
     int型    変数age 入れろ
6    int␣age = 折り返し
     Integerクラス     int型に変換      変数scanner     次の行を取得しろ
     Integer.parseInt(scanner.nextLine());
     Systemクラス  標準出力      表示しろ       変数age 小さい 数値20
7    System.out.println( age < 20 );
     ブロック終了
     }
     ブロック終了
     }
```

読み下し文

1 java.utilパッケージのScannerクラスを取り込め。

2 パブリック設定でChap2_2_3という名前のクラスを作成せよ{

3 パブリック設定かつ静的で、戻り値がなく、String[]型の引数argsを受けとる
mainという名前のメソッドを作成せよ

4 { 文字列「年齢は」を表示しろ。

5 標準入力を渡してScannerクラスのインスタンスを新規作成し、Scanner
型で作成した変数scannerに入れろ。

6 変数scannerから次の行を取得し、int型に変換した結果を、int型で作成し
た変数ageに入れろ。

7 「変数ageは数値20より小さい」の結果を表示しろ。 }

}

プログラムを実行し、年齢を入力してみましょう。20未満の数値を入力すると true と表示されます。

もう一度実行してみましょう。20以上の数値を入力すると false と表示されます。

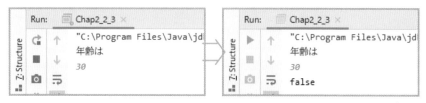

ほー、同じプログラムなのに結果が変わりましたね

そう、ここで「ほー」って思ってほしいんだよね。条件分岐の基本は true と false。そこにいろいろな処理を重ねていって、思い通りの結果を出すプログラムが作れるんだ

空の文字列かを判別する

isEmpty（イズエンプティ）メソッドを使うことで、String型変数に入っている文字列が空文字（1文字も入っていない状態）であるかどうかを判別できます。

```java
String str = "";

if( str.isEmpty() ){

  System.out.println("空です。");

}
```

20歳未満だったら メッセージを表示する

結果がtrue、falseだとわかりにくいから、「未成年」と表示できるようにしてみよう

どうやるんですか？

if（イフ）文を組み合わせて使うんだ

if文の書き方を覚えよう

if文は条件分岐の基本になる文です。ifのカッコ内に書いた式の結果がtrueだった場合は、その次の波カッコで囲まれている部分に進みます。falseだった場合は波カッコをスキップして次に進みます。

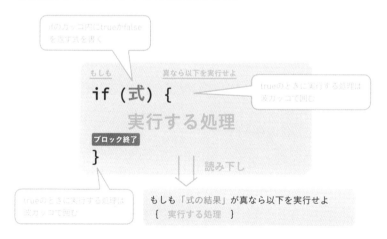

if文では「実行する処理」を波カッコで囲んで、if文の一部であることを示します。波カッコで囲まれた範囲を「ブロック」といいます。実行結果に影響はありませんが、ブロック内では Tab キーを押して1段階字下げすると読みやすくなります。

数値が20未満だったら「未成年」と表示する

　if文を使って、変数ageが20未満のときに「未成年」と表示するようにしてみましょう。ifのあとに比較演算子を使った式を書きます。

■Chap2_3_1.java

```java
import java.util.Scanner;
public class Chap2_3_1{
    public static void main(String[] args){
        System.out.println("年齢は");
        Scanner scanner =
            new Scanner(System.in);
        int age =
        Integer.parseInt(scanner.nextLine());
        if( age < 20 ){
            System.out.println("未成年");
        }
    }
}
```

　本書ではifの行末に「{（開き波カッコ）」に「真なら以下を実行せよ」とふりがなを振っています。本来この「{」はブロックの始まりを表しているだけなのですが、読み下したときに意味が通じるよう「trueのときに実行する」というニュアンスにしています。

読み下し文

1	java.utilパッケージのScannerクラスを取り込め。
2	パブリック設定でChap2_3_1という名前のクラスを作成せよ{
3	パブリック設定かつ静的で、戻り値がなく、String[]型の引数argsを受けとるmainという名前のメソッドを作成せよ
4	{　文字列「年齢は」を表示しろ。
5	標準入力を渡してScannerクラスのインスタンスを新規作成し、Scanner型で作成した変数scannerに入れろ。
6	変数scannerから次の行を取得し、int型に変換した結果を、int型で作成した変数ageに入れろ。
7	もしも「変数ageは数値20より小さい」が真なら以下を実行せよ
8	{　文字列「未成年」を表示しろ。　}　}
	}

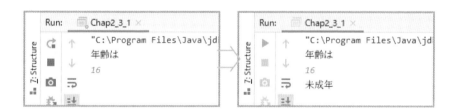

ブロック内で複数の処理を行う

　if文のブロック内には複数の処理を書くことができます。「未成年」と表示する前に、年齢を表示するようにしてみましょう。以降のプログラムは、mainメソッドのブロック内のみを記載しています。実際にプログラムを書くときは、Scannerクラスのimport文を追加し、mainメソッドのブロック内に処理を書いてください。

```
4   System.out.println("年齢は");
5   Scanner scanner = new Scanner(System.in);
6   int age =
        Integer.parseInt(scanner.nextLine());
7   if( age < 20 ){
8       System.out.println(age + "歳は");
9       System.out.println("未成年");
    }
```

読み下し文

4 文字列「年齢は」を表示しろ。

5 標準入力を渡してScannerクラスのインスタンスを新規作成し、Scanner型で作成した変数scannerに入れろ。

6 変数scannerから次の行を取得し、int型に変換した結果を、int型で作成した変数ageに入れろ。

7 もしも「変数ageは数値20より小さい」が真なら以下を実行せよ

8 { 変数ageと 文字列「歳は」を連結した結果を表示しろ。

9 文字列「未成年」を表示しろ。 }

NO
03

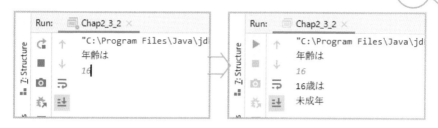

ブロックとフローチャート

if文とブロックについて、もう少し補足しましょう。ブロックは複数の文をまとめて1つの文の一部分にする働きがあります。つまり、if文というのは「if()」のところを指すのではなく、「}（閉じ波カッコ）」までです。文が続いているので、「if()」の行には「;」は付けません。

「}」のあとはブロックの外なので、その部分は上のif文とは関係なくなり、trueのときでもfalseのときでも常に実行されます。

```
if ( age < 20 ){
    System.out.println(age + "歳は");        if文の
    System.out.println("未成年");            ブロック内
}
System.out.println("ブロック外だよ");          ブロック外
```

フローチャートでも表してみましょう。条件のところを赤いひし形で示しています。trueの場合はブロック内の文に進み、そのあとブロック外の文に合流します。falseの場合はブロック外に進みます。

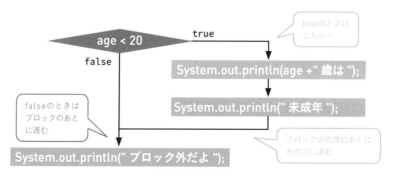

20歳未満「ではない」ときにメッセージを表示する

20歳以上のときに何も表示されないとプログラムが動いていないみたいですね

じゃあ、20歳未満ではないときは「成人」と表示させてみよう

else文の書き方を覚えよう

falseのときにも何かをしたいときは、if文にelse（エルス）文を追加します。else文はif文の一部なので、else文だけを書くとエラーになります。

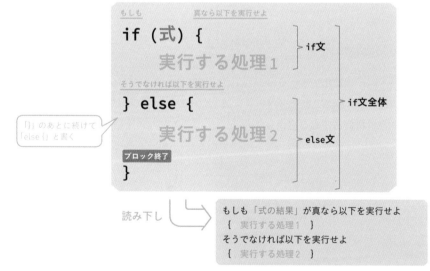

```
もしも          真なら以下を実行せよ
if (式) {
    実行する処理1              } if文

そうでなければ以下を実行せよ
} else {                              } if文全体
    実行する処理2              } else文
ブロック終了
}
```

「}」のあとに続けて「else {」と書く

読み下し

もしも「式の結果」が真なら以下を実行せよ
　{　実行する処理1　}
そうでなければ以下を実行せよ
　{　実行する処理2　}

else文を追加してみよう

else文を使ったプログラムを書いてみましょう。8行目までは80ページのChap2_3_1クラスと同じなので、流用してもOKです。

```
     Systemクラス  標準出力    表示しろ      文字列「年齢は」
4    System.out.println("年齢は");

     Scanner型     変数scanner    入れろ 新規作成  Scannerクラス    Systemクラス 標準入力
5    Scanner scanner = new Scanner(System.in);

     int型   変数age 入れろ
6    int age = 折り返し

          Integerクラス      int型に変換      変数scanner      次の行を取得しろ
          Integer.parseInt(scanner.nextLine());

     もしも   変数age   小さい  数値20   真なら以下を実行せよ
7    if( age < 20 ){

          Systemクラス   標準出力    表示しろ     文字列「未成年」
8         System.out.println("未成年");

     そうでなければ以下を実行せよ
9    }else{

          Systemクラス   標準出力    表示しろ     文字列「成人」
10        System.out.println("成人");

     ブロック終了
     }
```

読み下し文

4 文字列「年齢は」を表示しろ。

5 標準入力を渡してScannerクラスのインスタンスを新規作成し、Scanner型で作成した変数scannerに入れろ。

6 変数scannerから次の行を取得し、int型に変換した結果を、int型で作成した変数ageに入れろ。

7 もしも「変数ageは数値20より小さい」が真なら以下を実行せよ

8 { 文字列「未成年」を表示しろ。 }

9 そうでなければ以下を実行せよ

10 { 文字列「成人」を表示しろ。 }

このプログラムを実行すると、20歳未満ならif文のブロック内に進むので「未成年」と表示します。

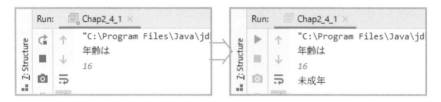

20歳以上の場合はelse文のブロックに進むので、「成人」と表示します。

フローチャートを見てみましょう。falseの場合はブロックの次に進むのではなく、else文のブロックに進んでから、ブロックの外に進みます。今回のサンプルではelse文のあとは何もないので、そのまま終了します。

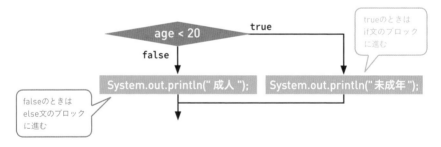

変数のところに実際の値を当てはめる

プログラムを実行した結果とフローチャートは理解できるんですよ。でも、プログラムや読み下し文を読んだときに理解する自信がないです……

なるほどね。読み下し文を一緒にじっくり読んでみよう

　次の図はサンプルプログラムの読み下し文からif文のところだけを抜き出し、さらに変数ageの部分に実際の文字列を当てはめてみたものです。

　ユーザーが「16」と入力した場合、「16は数値20より小さい」は真です。ですからその直下のブロックを実行します。逆にそのあとの「そうでなければ〜」の部分は該当しないので、その直下のブロックは実行しません。

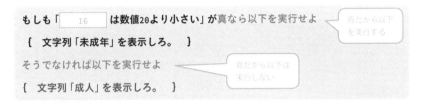

　ユーザーが「30」と入力した場合、「30は数値20より小さい」は偽なので、その直下のブロックは実行しません。逆にそのあとの「そうでなければ〜」の部分に該当するので、その直下のブロックを実行します。

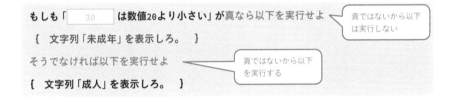

あ、変数のところに実際の値を当てはめてみると、そのとおりに読めますね

よかった！　読み下し文ではなくプログラムを直接読む場合も、意味がわからないときは変数に実際の値を当てはめてみると理解できることがあるよ

3段階以上に分岐させる

「未成年」「成人」「高齢者」の3つで判定したいときはどうしたらいいでしょうか？

そういうときはelse if（エルス イフ）文を追加して、複数の条件を書くんだ

else if文の書き方を覚えよう

if文にelse if文を追加すると、if文に複数の条件を持たせることができます。「そうではなくもしも『〜〜』が真なら以下を実行せよ」と読み下します。

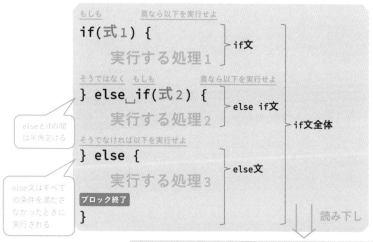

```
もしも        真なら以下を実行せよ
if(式1) {
                       }if文
    実行する処理1
そうではなく もしも      真なら以下を実行せよ
} else_if(式2) {
                       }else if文
    実行する処理2                  }if文全体
そうでなければ以下を実行せよ
} else {
                       }else文
    実行する処理3
ブロック終了
}
```

elseとifの間は半角空ける

else文はすべての条件を満たさなかったときに実行される

読み下し

もしも「式1の結果」が真なら以下を実行せよ
{ 実行する処理1 }
そうではなくもしも「式2の結果」が真なら以下を実行せよ
{ 実行する処理2 }
そうでなければ以下を実行せよ
{ 実行する処理3 }

「未成年」「成人」「高齢者」の3段階で判定するプログラムを書いてみましょう。

■ Chap 2 _ 5 _ 1.java

4
Systemクラス　標準出力　　表示しろ　　　文字列「年齢は」
```java
System.out.println("年齢は");
```

5
Scanner型　　　変数scanner　入れろ 新規作成　　Scannerクラス　Systemクラス 標準入力
```java
Scanner scanner = new Scanner(System.in);
```

6
int型　変数age 入れろ
```java
int age = 折り返し
```
　　　Integerクラス　　int型に変換　　　変数scanner　　　次の行を取得しろ
```java
    Integer.parseInt(scanner.nextLine());
```

7
もしも　変数age 小さい 数値20　真なら以下を実行せよ
```java
if( age < 20 ){
```

8
Systemクラス　標準出力　　表示しろ　　文字列「未成年」
```java
    System.out.println("未成年");
```

9
そうではなく もしも　変数age 小さい 数値65　真なら以下を実行せよ
```java
}else if( age < 65 ){
```

10
Systemクラス　標準出力　　表示しろ　　文字列「成人」
```java
    System.out.println("成人");
```

11
そうでなければ以下を実行せよ
```java
}else{
```

12
Systemクラス　標準出力　　表示しろ　　　文字列「高齢者」
```java
    System.out.println("高齢者");
```

ブロック終了
```java
}
```

読み下し文

4　文字列「年齢は」を表示しろ。

5　標準入力を渡してScannerクラスのインスタンスを新規作成し、Scanner型で作成した変数scannerに入れろ。

6　変数scannerから次の行を取得し、int型に変換した結果を、int型で作成した変数ageに入れろ。

7	もしも「変数ageは数値20より小さい」が真なら以下を実行せよ
8	{　文字列「未成年」を表示しろ。　}
9	そうではなくもしも「変数ageは数値65より小さい」が真なら以下を実行せよ
10	{　文字列「成人」を表示しろ。　}
11	そうでなければ以下を実行せよ
12	{　文字列「高齢者」を表示しろ。　}

　プログラムを何回か実行して、3つの層の年齢を入力してみてください。20歳未満の年齢を入力したときはif文のブロックに進んで「未成年」と表示されます。65歳未満の年齢を入力するとelse if文のブロックに進んで「成人」と表示されます。65歳以上の年齢を入力した場合、20歳未満でも65歳未満でもないため、else文のブロックに進んで「高齢者」と表示されます。

　フローチャートで表すと、if文のひし形のfalseの先にelse if文のひし形がつながります。else if文をさらに増やした場合は、if文とelse文の間にひし形がさらに追加された図になります。

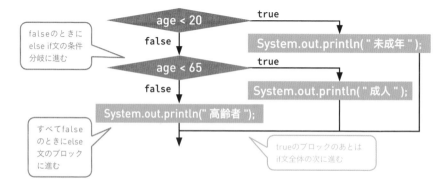

else if文をif文に変えるとどうなる？

> ふと思ったんですが、else ifのところをifにしたらどうなるんですか？

> それはうまくいかないよ。と、クチでいってもピンとこないだろうから、実際にやってみようか

else ifをifに変更してもプログラムはほとんど同じに見えます。しかし実際は大きな違いがあります。if〜else if〜elseは1つのまとまりと見なされるので、実行されるブロックはその中のどれか1つだけです。ところが途中のelse ifをifにした場合、2つのまとまりになるので、複数のブロックが実行される可能性が出てきてしまいます。

例えば、Chap 2_5_1クラスのelse ifをifに変更して20歳未満の年齢を入力すると、「age<20」と「age<65」の両方ともtrueになるため、「未成年」「成人」の両方が表示されてしまいます。

```
Run:    Chap2_5_1 ×
  ▶   ↑   "C:\Program Files\Java\jdk-13.0.2\bin\java.exe" "-javaagent:C:\Progr
          年齢は
  ■   ↓   15
  ◎   ⇥   未成年
  ☆   ⇟   成人
```

変数の部分に実際の値を当てはめた読み下し文で確認してみましょう。2つの条件が真となってしまっていますね。

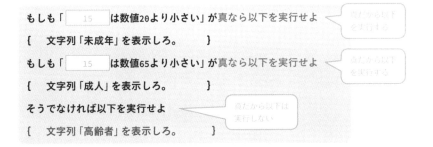

もしも「   15   は数値20より小さい」が真なら以下を実行せよ
{   文字列「未成年」を表示しろ。   }
もしも「   15   は数値65より小さい」が真なら以下を実行せよ
{   文字列「成人」を表示しろ。   }
そうでなければ以下を実行せよ
{   文字列「高齢者」を表示しろ。   }

複数の条件式を組み合わせる

今度は6〜15歳だけを判定したいです

それは義務教育期間だね。2つの数値の範囲内にあるかどうかで判定したいときは、論理演算子を利用するんだ

論理演算子の書き方を覚えよう

論理演算子は真偽値（trueかfalse）を受けとって結果を返す演算子で、&&（アンド）、||（オア）、!（ノット）の3種類があります。

1つ目の&&演算子は左右の値が両方ともtrueのときだけtrueを返します。この説明ではピンとこないかもしれませんが、値の代わりに比較演算子を使った式を左右に置いてみてください。比較演算子はtrueかfalseを返すので、2つの式が同時にtrueを返したときだけ、&&演算子の結果もtrueになります。

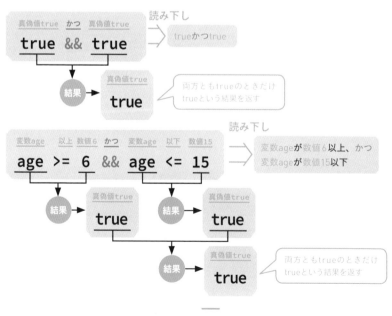

&&演算子は「AかつB」と訳すことが多いので、本書でもそれにならって「かつ」と読み下します。

義務教育の対象かどうかをチェックする

6〜15歳という範囲は「6以上」と「15以下」という2つの条件を組み合わせたものですから、&&演算子を使えば1つのif文で判定できます。

■Chap2_6_1.java

```
4    System.out.println("年齢は");
        Systemクラス  標準出力  表示しろ  文字列「年齢は」

5    Scanner scanner = new Scanner(System.in);
        Scanner型  変数scanner  入れろ新規作成  Scannerクラス  Systemクラス  標準入力

6    int age =  折り返し
        int型  変数age 入れろ
            Integer.parseInt(scanner.nextLine());
        Integerクラス  int型に変換  変数scanner  次の行を取得しろ

7    if( age >= 6  &&  age <= 15 ){
        もしも  変数age ❶以上 数値6  ❸かつ  変数age ❷以下 数値15  真なら以下を実行せよ

8        System.out.println("義務教育の対象");
        Systemクラス  標準出力  表示しろ  文字列「義務教育の対象」
      ブロック終了
    }
```

読み下し文

4 文字列「年齢は」を表示しろ。

5 標準入力を渡してScannerクラスのインスタンスを新規作成し、Scanner型で作成した変数scannerに入れろ。

6 変数scannerから次の行を取得し、int型に変換した結果を、int型で作成した変数ageに入れろ。

7 もしも「変数ageが数値6以上、かつ変数ageが数値15以下」が真なら以下を実行せよ

8 { 文字列「義務教育の対象」を表示しろ。 }

Run: Chap2_6_1 ×

"C:\Program Files\Java\jdk-13.0.2\bin\java.exe" "-javaagent:C:\Prog
年齢は
9
義務教育の対象

幼児と高齢者だけを対象にする

今度は||演算子を使ってみましょう。||演算子は左右のどちらかがtrueのときにtrueを返し、「または」と読み下します。次のプログラムでは、年齢が5歳以下または65歳以上の場合に「幼児と高齢者」と表示します。

■ Chap2_6_2.java

```
4   System.out.println("年齢は");
```
Systemクラス　標準出力　表示しろ　文字列「年齢は」

```
5   Scanner scanner = new Scanner(System.in);
```
Scanner型　変数scanner　入れろ新規作成　Scannerクラス　Systemクラス　標準入力

```
6   int age =
        Integer.parseInt(scanner.nextLine());
```
int型　変数age 入れろ　折り返し
Integerクラス　int型に変換　変数scanner　次の行を取得しろ

```
7   if( age <= 5 || age >= 65 ){
```
もしも　変数age ❶以下 数値5 ❸または 変数age ❷以上 数値65 真なら以下を実行せよ

```
8       System.out.println( "幼児と高齢者" );
```
Systemクラス　標準出力　表示しろ　文字列「幼児と高齢者」

```
    }
```
ブロック終了

読み下し文

4　文字列「年齢は」を表示しろ。

5　標準入力を渡してScannerクラスのインスタンスを新規作成し、Scanner型で作成した変数scannerに入れろ。

6 変数scannerから次の行を取得し、int型に変換した結果を、int型で作成した変数ageに入れろ。

7 もしも「変数ageが数値5以下、または変数ageが数値65以上」が真なら以下を実行せよ

8 { 文字列「幼児と高齢者」を表示しろ。 }

```
Run:  Chap2_6_2 ×
      "C:\Program Files\Java\jdk-13.0.2\bin\java.exe" "-javaagent:C:\Progr
      年齢は
      75
      幼児と高齢者
```

!演算子を使ってfalseのときだけ実行する

3つ目の!演算子は、直後（右側）にあるtrueとfalseを逆転します。ScannerクラスのhasNextInt（ハズネクストイント）メソッドは、次に取得する行の文字列がint型に変換できるときにtrueを返します。「数値ではない」ときに処理をしたい場合に!演算子を組み合わせて戻り値を逆転します。

■Chap2_6_3.java

```java
4  System.out.println("数値を入力せよ");

5  Scanner scanner = new Scanner(System.in);

6  if( ! scanner.hasNextInt()){

7      System.out.println( "数値ではない" );

   }
```

読み下し文

```
Run:    Chap2_6_3 ×
        "C:\Program Files\Java\jdk-13.0.2\bin\java.exe" "-javaagent:C:\Prog
        数値を入力せよ
        ハロー
        数値ではない
```

　!演算子は左側に値を置くことができません。値を1つしか持てない演算子を「単項演算子」と呼びます。!演算子以外では、負の数を表すために使う「-」も単項演算子です（45ページ参照）。

比較演算子の向きを揃える

本書では読み下し文がわかりやすくなるように、条件式を書くときに比較演算子の左側に変数を記述しています。

```
if( age >= 6  && age <= 15 ){}
```

しかし、数学を勉強している人などにとっては、比較演算子の左側に値が小さいものを置き、比較演算子の向きを揃えたほうがプログラムが読みやすい場合もあります。

```
if( 6 <= age  && age <= 15 ){}
```

どちらの書き方でも問題はありませんが、どちらかに統一したルールで書くようにしましょう。

エラーメッセージを
読み解こう②

カッコが対応していないときのエラー

if文の式やブロックの閉じカッコが多い場合、次のエラーが表示されます。

■エラーが発生しているプログラム

```
1  public class Chap2_7_1 {
2      public static void main(String[] args){
3          int age = 18;
4          if( age < 20 ){ {          開き波カッコが1つ多い
5              System.out.println("未成年");
6          }
7      }
8  }
```

■エラーメッセージ

```
5  Error:(8, 2) java: 構文解析中にファイルの終わりに移りました
```

> 8行目？　波カッコが多いのは4行目ですよね

> 対応する「}（閉じ波カッコ）」を探したけど、最終行まで
> 到達してしまったからだよ

> 行数は必ずしもエラーの原因ってわけではないんですね

> 原因を探す目安くらいに思っておこう

ここでは、対応する波カッコが見つからないままプログラムが進みファイルの最後まで到達してしまったので「構文解析中にファイルの終わりに移りました」というエラーが表示されます。波カッコが少ないときも同様のエラーが表示されます。

else ifの半角空きを忘れた場合

　else if文を書くときに「elseif(……){」と書いた場合、次のようなエラーが表示されます。

■エラーが発生しているプログラム

```
3   int age = 20;
4   if( age < 20 ){
5     System.out.println("未成年");
6   }elseif( age < 65 ){ ────── elseとifの間に半角スペースがない
7     System.out.println("成人");
8   }else{
9     System.out.println("高齢者");
10  }
```

■エラーメッセージ

```
5   Error:(6, 28) java: ';'がありません
6   Error:(8, 10) java: 'else'への'if'がありません
```

スペースを入れ忘れただけなのにエラーが2つ!?

1つのミスで、複数のエラーが表示されることは珍しいことじゃないよ

そうなんですか！　他にも間違えたのかと思っちゃいました

「else if」のスペースがなくなったことにより、「elseif」を変数か何かの名前と考え、続く「()」のあとに「;」がないと判断しているようです。また、「else」は対になる「if」がわからなくなり、「'else'への'if'がありません」と指摘されています。このように、1箇所のミスだけで、連鎖的に複数のエラーが発生することもあるのです。

IntelliJでカッコの対応を確認する

カッコの数が増えてくると間違える可能性が高くなります。IntelliJでは開きカッコの前後か、閉じカッコの前後にカーソルを移動すると、対応するカッコがハイライト表示されます。この機能は、波カッコだけでなく、丸カッコや角カッコでも利用できます。

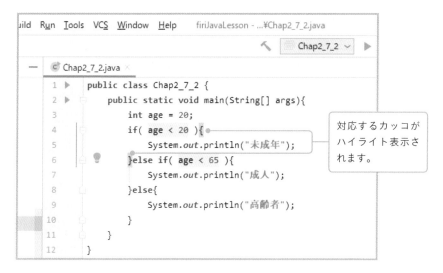

```java
public class Chap2_7_2 {
    public static void main(String[] args){
        int age = 20;
        if( age < 20 ){
            System.out.println("未成年");
        }else if( age < 65 ){
            System.out.println("成人");
        }else{
            System.out.println("高齢者");
        }
    }
}
```

対応するカッコがハイライト表示されます。

これは便利ですね！　カッコの対応ミスがすぐ探せます

Chap.
2
条件によって分かれる文を学ぼう

復習ドリル

問題1：6歳未満なら「幼児」と表示するプログラムを作る

以下の読み下し文を参考にして、そのとおりに動くプログラムを書いてください。
ヒント：Chap2_3_1.javaが参考になります。

読み下し文

4	文字列「年齢は」を表示しろ。
5	標準入力を渡してScannerクラスのインスタンスを新規作成し、Scanner型で作成した変数scannerに入れろ。
6	変数scannerから次の行を取得し、int型に変換した結果を、int型で作成した変数ageに入れろ。
7	もしも「変数ageは数値6より小さい」が真なら以下を実行せよ
8	{　文字列「幼児」を表示しろ。　}

```
Run:    Chap2_8_1 ×
        "C:\Program Files\Java\jdk-13.0.2\bin\java.exe" "-javaagent:C:\Prog
        年齢は
        3
        幼児
```

少し前に「20歳未満なら」ってプログラムを書いたばかりですよね。ちょっと簡単すぎじゃないですか？

サンプルを見なくても、ちゃんと書けるかどうかを見るテストってとこかな

あれ……。標準入力からの取得ってどうやるんでしたっけ？

問題2：以下のプログラムの問題点を探す

　以下のプログラムには大きな問題があります。ふりがなを振り、プログラムの問題点を説明してください。

　ヒント：Chap2_6_2.javaが参考になります。

■Chap2_8_2.java

```java
4  System.out.println("年齢は");

5  Scanner scanner = new Scanner(System.in);

6  int age = 折り返し

       Integer.parseInt(scanner.nextLine());

7  if( age <= 5  &&  age >= 65 ){

8      System.out.println( "幼児と高齢者" );

   }
```

三項演算子を使った条件分岐

　「?」と「:」の組み合わせは三項演算子と呼ばれ、「条件式 ? 真のときに返す式 : 偽のときに返す式」の形式で記述します。条件によって代入する値を変えたいときに利用すると便利です。条件によって処理を分岐したい場合は、if文を使う必要があります。

```java
int age = 20;

String str = ( age < 20 )? "未成年" : "成人";

System.out.print(str);
```

解答1

解答例は次のとおりです。

■Chap2_8_1.java

```
4   System.out.println("年齢は");
```
Systemクラス　標準出力　表示しろ　文字列「年齢は」

```
5   Scanner scanner = new Scanner(System.in);
```
Scanner型　変数scanner　入れろ新規作成　Scannerクラス　Systemクラス　標準入力

```
6   int age =  折り返し
        Integer.parseInt(scanner.nextLine());
```
int型　変数age 入れろ
Integerクラス　int型に変換　変数scanner　次の行を取得しろ

```
7   if( age < 6 ){
```
もしも　変数age　小さい　数値6　真なら以下を実行せよ

```
8       System.out.println( "幼児" );
```
Systemクラス　標準出力　表示しろ　文字列「幼児」

```
    }
```
ブロック終了

解答2

「ageが5以下」と「ageが65以上」を同時に満たすことがないため、「age <= 5 && age >= 65」が真（true）になることはありえません。Chap2_6_2クラスのようにor演算子の「||」を使いましょう。

■Chap2_8_2.java（抜粋）

```
7   if( age <= 5 || age >= 65 ){
```
もしも　変数age　❶以下 数値5　❸または　変数age　❷以上 数値65　真なら以下を実行せよ

```
8       System.out.println( "幼児と高齢者" );
```
Systemクラス　標準出力　表示しろ　文字列「幼児と高齢者」

```
    }
```
ブロック終了

Chapter 3

繰り返し文を学ぼう

繰り返し文って
どんなもの？

おやおや、すごく忙しそうだね

忙しいっていうか、繰り返し作業が多いんですよ。こういうのもプログラムで何とかできませんかね？

詳しく聞かないと何ともいえないけど、できることもあるはずだよ

効率を大幅アップする繰り返し文

　繰り返し文とは、名前のとおり同じ仕事を繰り返すための文です。条件分岐と同じく小説などには普通出てきません。とはいえ、繰り返し文を使えば効率が大幅に上がる、ということは予想が付くと思います。

　繰り返し文をフローチャートで表すと、角を落とした四角形2つを矢印でつないだ形になります。矢印の流れが輪のようになるので、英語で輪を意味する「ループ（loop）」とも呼ばれます。

　私達が普段使っているアプリなども、「ユーザーの操作を受けとる→結果を出す」を繰り返すループ構造になっています。

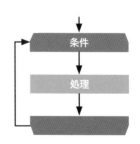

繰り返しと配列

Chapter 3では繰り返しとあわせて「配列」が登場します。配列は連続したデータを記憶することができ、Javaの繰り返し文と組み合わせると直感的に連続処理できます。

繰り返し文は難しい？

繰り返し文は、まったく同じ仕事を繰り返すだけなら難しくないのですが、それでは大して複雑なことはできません。繰り返しの中で変数の内容を変化させたり、繰り返しを入れ子にしたり、分岐を組み合わせたりしていくと、段々ややこしくなっていきます。

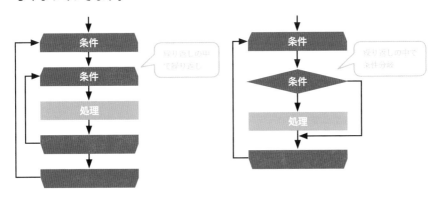

複雑な繰り返し文が難しいのは確かなのですが、よく使われるパターンはそれほど多くありません。変数に実際の値をはめ込む「穴埋め図」などを使って、少しずつ理解を深めていきましょう。

難しいのはイヤですけど、単純な繰り返し作業を自分でやるよりはいいですよ

その気持ちは大事だね。プログラミングでは、単純作業をいかに減らすかって考え方が大切なんだよ

条件式を使って繰り返す

繰り返し文は何種類かあるけど、まずはシンプルなwhile（ホワイル）文からやってみよう

なんで繰り返しが「while」なんですか？

英語のwhileには「〜である限り」という意味がある。while文も「条件を満たす限り繰り返す」んだ

while文の書き方を覚えよう

　while文は、条件を満たす間繰り返しをする文です。whileのカッコ内に、trueかfalseを返す式やメソッドなどを書きます。そのため、書き方はif文に似ています。あとで説明するfor文が回数が決まった繰り返しに向くのに対し、while文は条件があって回数が決まっていない繰り返しに向きます。

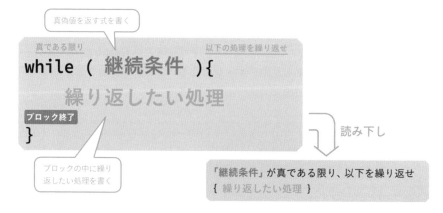

　英語のwhileには「〜である限り」という意味があります。そこで「継続条件が真である限り」と読み下すことにしました。

残高がゼロになるまで繰り返す

次のプログラムは、「30000円の資金から5080円ずつ引いていった経過」を表示するプログラムです。資金が底を突いたら終了するので、「変数moneyが0以上」をwhile文の継続条件にしました。

■ Chap3_2_1.java

```
int型　変数money　入れろ　数値30000
3  int money = 30000;
   真である限り　　　変数money　以上　数値0　以下を繰り返せ
4  while( money >= 0 ){
           Systemクラス　標準出力　　　表示しろ　　　　変数money
5      System.out.println( money );
        変数money　入れろ　変数money　引く　数値5080
6      money = money - 5080;
   ブロック終了
   }
```

読み下し文

3　数値30000を、int型で作成した変数moneyに入れろ。

4　「変数moneyは数値0以上」が真である限り、以下を繰り返せ

5　{ 　変数moneyを表示しろ。

6　　　変数moneyから数値5080を引いた結果を変数moneyに入れろ。 　}

プログラムを実行すると、6回目で繰り返しが終了します。

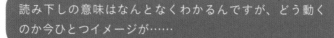
読み下しの意味はなんとなくわかるんですが、どう動くのか今ひとつイメージが……

穴埋め図で考えてみよう

　次の図は、while文の「繰り返したい処理」を穴埋め図で表したものです。処理が繰り返しの数だけ展開されることになります。

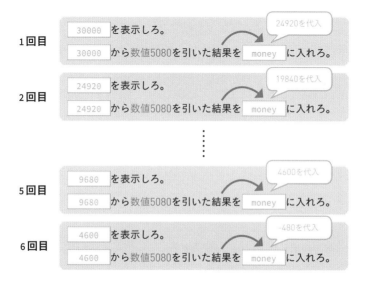

1回目
`30000` を表示しろ。
`30000` から数値5080を引いた結果を `money` に入れろ。 24920を代入

2回目
`24920` を表示しろ。
`24920` から数値5080を引いた結果を `money` に入れろ。 19840を代入

……

5回目
`9680` を表示しろ。
`9680` から数値5080を引いた結果を `money` に入れろ。 4600を代入

6回目
`4600` を表示しろ。
`4600` から数値5080を引いた結果を `money` に入れろ。 -480を代入

　このように繰り返し文は、プログラム上は短い文でも展開されて長い実行結果になるものなのです。

変数moneyの中身がちょっとずつ減っていきますね！
最後には「-480」になってしまう

そういうこと。そして、「money>=0」がfalseになるから繰り返しが終了するんだ

変数から少しずつ引く式を理解する

> while文の意味はわかったんですが、「money=money-5080;」って何か変じゃないですか？

> そう感じる人は結構いるんだよね。たぶん数学で「=」を「等しい」と習ったせいだと思うけど

> プログラムだと意味が違うんですね

　数学の方程式では「money=money-5080;」は成立しません。しかし、プログラムの「=」は代入演算子で、「変数に入れろ」という命令です。代入演算子の優先順位はかなり低いので、たいてい「=」の左右にある式を処理してから仕事をします。

　つまり「money=money-5080;」は、変数moneyのその時点の値から5080を引き、その結果を変数moneyに入れろという意味になります。繰り返し文の中で書くと、繰り返しのたびに変数moneyは5080ずつ減っていきます。

■ Chap3_2_1.java（抜粋）

```
変数money  入れろ  変数money  引く  数値5080
money  =  money  -  5080;
```

6

計算もできる代入演算子

　「money=money-5080;」という式では、moneyという変数名を2回書かなければいけません。代入演算子の-=を使えば、「money-=5080;」と短く書くことができます。

演算子	読み方	例	同じ意味の式
+=	右辺を左辺に足して入れる	a+=10	a=a+10
-=	右辺を左辺から引いて入れる	a-=10	a=a-10
*=	右辺を左辺に掛けて入れる	a*=10	a=a*10
/=	右辺で左辺を割って入れる	a/=10	a=a/10

Chap.

3

繰り返し文を
学ぼう

仕事を5回繰り返す

次はfor文を使って「5回繰り返す文」の書き方を覚えてみよう

これも何で「for」なのか謎ですね？

「for 3 days」（3日間）のように期間を表す意味合いがあるから、そこから来てるんじゃないかな

for文の書き方を覚えよう

for（フォー）文は回数が決まった繰り返しに向いています。for文のカッコには3つの式を「;（セミコロン）」で区切って書きます。繰り返しが始まる前に「初期化」が1回だけ実行され、「継続条件」が真の間繰り返しが実行されます。「最終式」はブロック内の処理が終わったあとに毎回実行されます。

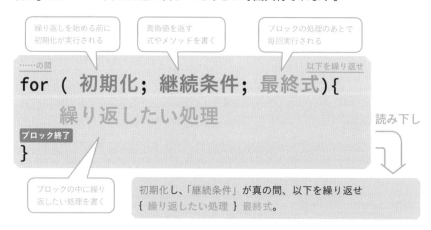

繰り返しを始める前に初期化が実行される

真偽値を返す式やメソッドを書く

ブロックの処理のあとで毎回実行される

……の間　　　　　　　　　　　　　　　　　以下を繰り返せ

```
for ( 初期化; 継続条件; 最終式){
    繰り返したい処理
}
```

ブロック終了

読み下し

ブロックの中に繰り返したい処理を書く

初期化し、「継続条件」が真の間、以下を繰り返せ
{ 繰り返したい処理 } 最終式。

ややこしく感じますが、読み下し文の「継続条件〜繰り返したい処理のブロック」のところだけを見てください。while文とほぼ同じです。つまりfor文とは、

while文に回数をカウントするための式を付け足したものなのです。

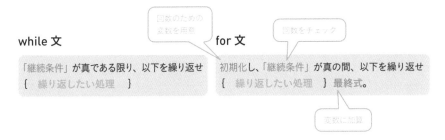

while 文

回数のための
変数を用意

for 文

回数をチェック

「継続条件」が真である限り、以下を繰り返せ
{　繰り返したい処理　}

初期化し、「継続条件」が真の間、以下を繰り返せ
{　繰り返したい処理　} 最終式。

変数に加算

同じメッセージを5回表示する

　「ハロー！」を5回表示する繰り返し文を書いてみましょう。1で初期化し、5回繰り返したいので継続条件を「変数<=5」にします。ここでは回数のための変数を、counterを略したcntとしています。

■Chap3_3_1.java

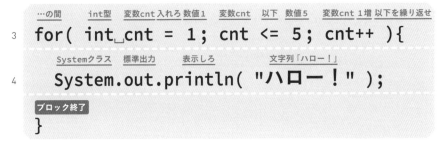

```
…の間    int型  変数cnt入れろ 数値1   変数cnt  以下  数値5   変数cnt 1増 以下を繰り返せ
for( int cnt = 1; cnt <= 5; cnt++ ){
        Systemクラス    標準出力    表示しろ            文字列「ハロー！」
    System.out.println( "ハロー！" );
ブロック終了
}
```

読み下し文

3　int型で作成した変数cntを数値1で初期化し、継続条件「変数cntが数値5以下」が真の間、以下を繰り返せ

4　{　文字列「ハロー！」を表示しろ。　}変数cntを1増やす。

　読み下すときに、for文のカッコ内の式を3つに分けて配置します。初期化は繰り返しが始まる前に実行されるので、最初に置きます。最終式は繰り返しのたびにブロックのあとで実行されるので、「}」のあとに書きます。最終式の「++」は変数の値を1増やすという意味のインクリメント演算子です。短く書けるのでfor文ではよく使います。

　このプログラムを実行すると、「ハロー！」が5回表示されます。

```
Run:    Chap3_3_1 ×
    ▶  ↑    "C:\Program Files\Java\jdk-13.0.2\bin\java.exe" "-javaagent:C:\Program Files\JetBrains\IntelliJ
    ■  ↓    ハロー！
    ■  ⇥    ハロー！
    ★  ⇥    ハロー！
       ⬚    ハロー！
       🖶    ハロー！

       🗑    Process finished with exit code 0
```

メッセージの中に回数を入れる

　繰り返したい文の中でfor文の変数を使ってみましょう。printlnメソッドを使って、「回目のハロー！」という文字列と連結して表示します。

■ Chap3_3_2.java

3　…の間　　　int型　　変数cnt入れろ　数値1　変数cnt　以下　数値5　変数cnt 1増　以下を繰り返せ

```
for( int_cnt = 1; cnt <= 5; cnt++ ){
```

4　Systemクラス　標準出力　表示しろ

```
    System.out.println( 折り返し
```

　変数cnt　連結　　文字列「回目のハロー！」

```
    cnt + "回目のハロー！" );
```

ブロック終了
```
}
```

読み下し文

3　int型で作成した変数cntを数値1で初期化し、継続条件「変数cntが数値5以下」が真の間、以下を繰り返せ

4　{ 変数cntと文字列「回目のハロー！」を連結した結果を表示しろ。　}変数cntを1増やす。

```
Run:    Chap3_3_2 ×
    ▶  ↑    "C:\Program Files\Java\jdk-13.0.2\bin\java.exe" "-javaagent:C:\Program Files\JetBrains\IntelliJ
    ■  ↓    1回目のハロー！
    📷 ⇥    2回目のハロー！
    ■  ⇥    3回目のハロー！
    ★  ⬚    4回目のハロー！
       ■    5回目のハロー！

       🖶    Process finished with exit code 0
```

> 読み下し文の意味がわかりにくいですね。結果を見ればわかるんですが……

> 人間が読む文章には「繰り返し文」ってないからイメージしにくいよね。ロボットとベルトコンベアをイメージしてみよう

「繰り返したい文」をロボットへの指示書としてイメージする

　「繰り返したい文」を工場で働くロボットへの指示だと捉え直してみましょう。for文のたとえとして、ロボットの前にベルトコンベアがある状態をイメージしてください。ベルトコンベアの上を1～5の数値が流れてきます。ロボットは数値を1つ拾って指示書の変数cntの部分にはめ込み、それにしたがって仕事をします。それを最後の数値になるまで繰り返すと、「1回目のハロー！」から「5回目のハロー！」が順番に表示されるのです。

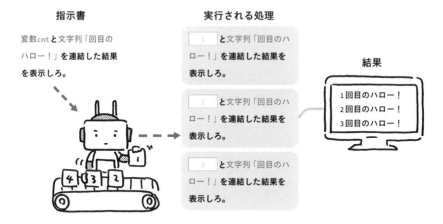

指示書

変数cntと文字列「回目の
ハロー！」を連結した結果
を表示しろ。

実行される処理

| 1 | と文字列「回目のハロー！」を連結した結果を表示しろ。

| 2 | と文字列「回目のハロー！」を連結した結果を表示しろ。

| 3 | と文字列「回目のハロー！」を連結した結果を表示しろ。

結果

1回目のハロー！
2回目のハロー！
3回目のハロー！

> 商品を箱詰めするロボットとか、自動的に溶接するロボットとかが仕事している様子をイメージすればいいんですね

5〜1で逆順に繰り返す

for文をより理解するために逆順の繰り返しもやってみよう

逆順って、5、4、3、2……って減っていくことですよね？

逆順で繰り返すには？

Chap3_3_2クラスは、1ずつ増えていくfor文の例でした。継続条件や最終式を変えれば、10ずつ増やしたり、1ずつ減らしたりすることもできます。10ずつ増やしたい場合は、最終式の「変数++」を「変数+=10」などに変更します。1ずつ減らしたい場合はデクリメント演算子を使って「変数--」と書きます。

5〜1の範囲内で1ずつ減っていく連番を作成して、繰り返してみましょう。初期化で変数cntに5を入れ、継続条件は「cnt>=1」にします。

■ Chap3_4_1.java

```
3  for( int cnt = 5; cnt >= 1; cnt-- ){
4      System.out.println(
           cnt + "回目のハロー！" );
   }
```

…の間　　int型　　変数cnt入れろ 数値5　　変数cnt　　以上　数値1　　変数cnt 1減 以下を繰り返せ

Systemクラス　標準出力　　表示しろ

折り返し

変数cnt　連結　　文字列「回目のハロー！」

ブロック終了

読み下し文

3　int型で作成した変数cntを数値5で初期化し、継続条件「変数cntが数値1以上」が真の間、以下を繰り返せ

4　{ 変数cntと文字列「回目のハロー！」を連結した結果を表示しろ。 }変数cntを1減らす。

プログラムを実行してみましょう。「5回目のハロー！」〜「1回目のハロー！」
が表示されます。

繰り返しからの脱出とスキップ

break（ブレーク）文とcontinue（コンティニュー）文は、繰り返し文の流れ
を変えるためのものです。以下の例文はwhile文を例にしていますが、for文の
中でも使えます。
break文は繰り返しを中断したいときに使います。例えば、通常なら10回繰り
返すが、何か非常事態が起きたら繰り返しから脱出するといった場合です。
continue文は繰り返しは中断しませんが、ブロック内のそれ以降の文をスキ
ップして、繰り返しを継続します。つまり、繰り返しの処理を1回スキップす
ることになります。
どちらの文も、繰り返し文のブロックがある程度長くならないと使いませんが、
いつか使う日のために頭の隅に置いておいてください。

```
while( 継続条件 ){

  if( 脱出条件 ){

    break;          繰り返し文から脱出

  }

  if( スキップ条件 ){

    continue;       繰り返し文の先頭に戻って継続

  }

}
```

繰り返し文を2つ組み合わせて九九の表を作る

for文のブロック内にfor文を書いて入れ子にすることもできるよ。「多重ループ」っていうんだ

繰り返しを繰り返すんですか？　言葉を聞くだけで難しそう。人間に理解できるものなんでしょうか？

でもね、ぼくらの生活も、1時間を24回繰り返すと1日で、それを7回繰り返すと1週間……1カ月を12回繰り返すと1年なわけだ。多重ループって意外と身近なんだよ

九九の計算をしてみよう

　for文のブロック内にfor文を書くと多重ループになります。多重ループの練習でよく使われる例なのですが、九九の計算をしてみましょう。九九は1〜9と1〜9を掛け合わせるので、1〜9で繰り返すfor文を2つ組み合わせます。

■ Chap3_5_1.java

```
3  for( int x = 1; x <= 9; x++ ){
       …の間    int型 変数x入れろ 数値1 変数x 以下 数値9 変数x 1増    以下を繰り返せ

4      for( int y = 1; y <= 9; y++ ){
          …の間    int型 変数y入れろ 数値1 変数y 以下 数値9 変数y 1増    以下を繰り返せ

5          System.out.println( x * y );
              Systemクラス   標準出力      表示しろ    変数x 掛ける 変数y

           // ブロック終了
       }

   // ブロック終了
   }
```

1つ目のfor文のブロック内に2つ目のfor文を書くので、波カッコの対応に注意してください。

読み下し文

3　int型で作成した変数xを数値1で初期化し、継続条件「変数xが数値9以下」が真の間、以下を繰り返せ

4　{ int型で作成した変数yを数値1で初期化し、継続条件「変数yが数値9以下」が真の間、以下を繰り返せ

5　　{ 変数xに変数yを掛けた結果を表示しろ。 }変数yを1増やす。

　}変数xを1増やす。

実行すると次のように「1×1」〜「9×9」の結果が表示されます。

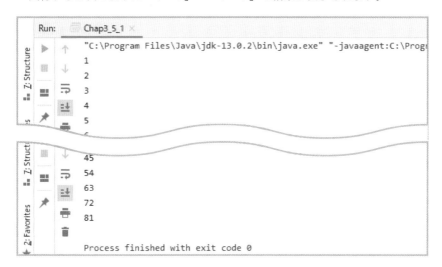

読み下し文の最初の3行はわかります。でも5行目の掛け算をしているところがうまくイメージできないです

それじゃあ、またベルトコンベアの図で説明しよう

for文を入れ子にしているので、ベルトコンベアも2つになります。

ベルトコンベア1のロボットが1つ数値を拾うと、ベルトコンベア2が動き始めます。流れてくる数値をベルトコンベア2のロボットが拾って、指示書にしたがって仕事をしていきます。ベルトコンベア2の仕事が終わると、またベルトコンベア1が動き出してロボットが数値を1つ拾います。

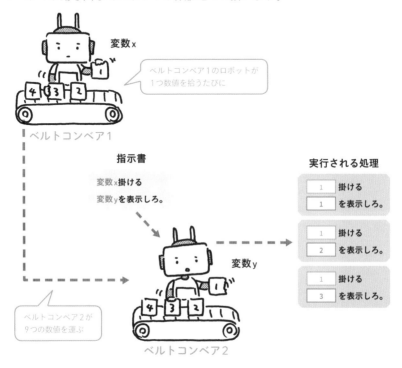

九九らしく表示する

より九九らしくするために、「1×1＝1」という式の部分も表示するようにしてみましょう。2つのfor文の部分は先ほどのサンプルと同じです。printlnメソッドの部分で、変数と文字列を連結して式を表示します。

■ Chap3_5_2.java

```
3  for( int_x = 1; x <= 9; x++ ){
```
…の間　int型 変数x 入れろ 数値1　変数x 以下　数値9　変数x 1増　　以下を繰り返せ

```
4   for( int_y = 1; y <= 9; y++ ){
```
…の間　　int型 変数y 入れろ 数値1　変数y 以下　数値9　変数y 1増　　以下を繰り返せ

5
　System.out.println(x + "×" + 折り返し

変数y　連結　文字列「=」　連結 変数x　掛ける　変数y

　y + "=" + x * y);

ブロック終了

}

ブロック終了

}

読み下し文

3 int型で作成した変数xを数値1で初期化し、継続条件「変数xが数値9以下」が真の間、以下を繰り返せ

4 { int型で作成した変数yを数値1で初期化し、継続条件「変数yが数値9以下」が真の間、以下を繰り返せ

5 { 変数x、文字列「×」、変数y、文字列「=」、変数xに変数yを掛けた結果を連結して表示しろ。 }変数yを1増やす。

}変数xを1増やす。

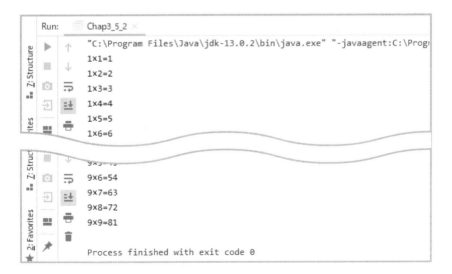

配列に複数のデータを記憶する

今度は「配列」の使い方を説明するよ。配列を使うと、1つの変数に複数の値をまとめて入れられるよ

そんなことをして何の役に立つんですか？

配列にすると「連続したデータ」として扱えるので、繰り返し文と組み合わせやすくなるんだ

配列の書き方を覚えよう

　配列（はいれつ）は中に複数の値を入れることができます。繰り返し文とも、よく組み合わせて使われます。配列を作るには、変数を作る際に型名に角カッコを付け、そこに入れるもの全体を波カッコで囲み、値をカンマで区切って並べます。配列内の個々の値を「要素」と呼びます。

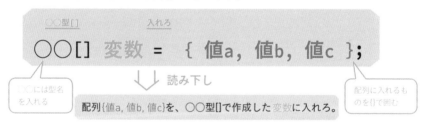

配列{値a, 値b, 値c}を、○○型[]で作成した変数に入れろ。

　配列を作成すると、1つの変数の中に複数の値が入った状態になります。ここで気を付けてほしいのは、○○[]は「○○型の配列」を意味し、「型」とは別物として扱われるという点です。例えばint[]と指定して変数を作成した場合、変数の型はint[]で、中の要素がint型になります。

配列内の要素を利用するときは、変数名のあとに角カッコで囲んで数値を書きます。この数値を「インデックス（添え字）」と呼びます。インデックスは、0から始まり、そのあとに1、2、3……と続いていきます。

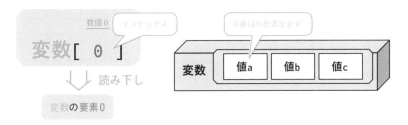

　インデックスには整数を使用するので、整数が入った変数、整数の結果を返す式やメソッドなども使えます。ふりがなではそのまま「数値0」や「変数idx」のように書き、読み下し文では「要素0」や「要素idx」と書いて、配列を利用していることが伝わるようにします。

配列を作って利用する

　配列を作って「東、西、南、北」という4つの文字列を記憶し、その中から1つ表示しましょう。

■ Chap3_6_1.java

```
3  String[] ewsn = {"東", "西", "南", "北"};
4  System.out.println(ewsn[1]);
```

先ほど説明したように、4行目の数値1は要素1と読み下します。

読み下し文

3　配列{文字列「東」, 文字列「西」, 文字列「南」, 文字列「北」}を、String[]型で作成した変数ewsnに入れろ。

4　変数ewsnの要素1を表示しろ。

プログラムを実行すると、「西」と表示されます。配列のインデックスは0から数え始めるので、要素1は「西」になるのです。

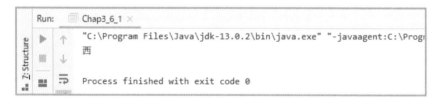

配列の要素を書き替える

配列に記憶した要素を、個別に書き替えることもできます。角カッコとインデックスで書き替える要素を指定し、=演算子を使って新しい値を記憶します。要素の扱い方は単独の変数とほぼ同じです。

■Chap3_6_2.java

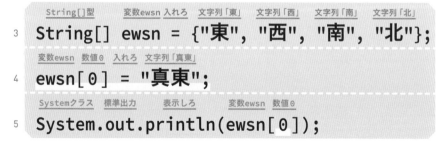

読み下し文

3 | 配列{文字列「東」, 文字列「西」, 文字列「南」, 文字列「北」}を、String[]型で作成した変数ewsnに入れろ。

4 | 変数ewsnの要素0に文字列「真東」を入れろ。

5 | 変数ewsnの要素0を表示しろ。

プログラムを実行すると、要素0が「東」から「真東」に変わっていることが確認できます。

```
Run:    Chap3_6_2 ×
  ▶  ↑    "C:\Program Files\Java\jdk-13.0.2\bin\java.exe" "-javaagent:C:\Progr
           真東
  ■  ↓
  ■  ⇥    Process finished with exit code 0
```

ちなみにJavaの配列は、作成したあとで要素数を増やしたり減らしたりすることはできない。他のプログラミング言語の経験がある人は勘違いしないよう注意してね

要素を入れずに配列を作成する

配列を作成する時点で、中に入れるものが決まっていないことがあります。その場合は次のようにnew（ニュー）演算子を使い、要素数だけが決まっている配列を作って変数に入れます。中身が入っていない棚を作るイメージです。中のデータはあとから入れていきます。

■ Chap3_6_3.java

String[]型　　変数ewsn 入れろ 新規作成　要素数4のString[]型

3
```java
String[] ewsn = new String[4];
```

変数ewsn 数値0　入れろ 文字列「東」

4
```java
ewsn[0] = "東";
```

変数ewsn 数値1　入れろ 文字列「西」

5
```java
ewsn[1] = "西";
```

読み下し文

3 要素数4のString[]型を新規作成し、String[]型で作成した変数ewsnに入れろ。

4 文字列「東」を変数ewsnの要素0に入れろ。

5 文字列「西」を変数ewsnの要素1に入れろ。

Chap.

3

繰り返し文を学ぼう

配列のデータを 繰り返し文で表示する

配列の中身を全部表示したいときはどうすればいいんでしょうか？

for文の繰り返し条件に、配列を指定すると簡単にできるよ

拡張for文を使う

for文には、拡張for文（for-each文）といわれる記述方法があります。for文のカッコに、「型 変数 : 配列」と記述することで、配列から1要素ずつ順番に取り出して繰り返し処理できます。

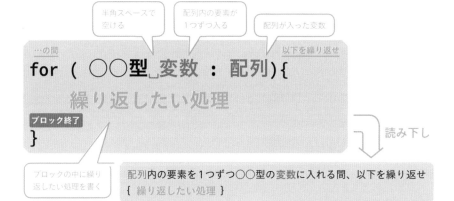

半角スペースで空ける　配列内の要素が1つずつ入る　配列が入った変数

…の間　　　　　　　　　　　　　　　　　　以下を繰り返せ

```
for ( ○○型 変数 : 配列){
    繰り返したい処理
}
```

ブロック終了

ブロックの中に繰り返したい処理を書く

読み下し

配列内の要素を1つずつ○○型の変数に入れる間、以下を繰り返せ
{ 繰り返したい処理 }

カッコ内を「(String str : 配列)」とした場合、配列の要素を1つずつ変数strに代入し、次に入れる要素がなくなると繰り返しが終了します。変数の型は、配列の要素の型とあわせてください。

for文を使って「東方向〜北方向」と表示してみましょう。

■Chap3_7_1.java

3
String[]型　変数ewsn 入れろ　文字列「東」　文字列「西」　文字列「南」　文字列「北」
```
String[] ewsn = {"東", "西", "南", "北"};
```

4
…の間　　String型　変数str　　　変数ewsn　以下を繰り返せ
```
for(String str : ewsn){
```

5
Systemクラス　標準出力　　表示しろ　　　変数str　連結　文字列「方向」
```
    System.out.println( str + "方向" );
```

ブロック終了
```
}
```

読み下し文

3　配列{文字列「東」, 文字列「西」, 文字列「南」, 文字列「北」}を、String[]型で作成した変数ewsnに入れろ。

4　変数ewsn内の要素を1つずつString型の変数strに入れる間、以下を繰り返せ

5　{　変数strと文字列「方向」を連結した結果を表示しろ。　}

```
Run:      Chap3_7_1 ×
   "C:\Program Files\Java\jdk-13.0.2\bin\java.exe" "-javaagent:C:\Progr
   東方向
   西方向
   南方向
   北方向

   Process finished with exit code 0
```

配列でfor文の繰り返し処理ができるなら簡単ですね！

このやり方はよく使われるから、覚えておいて損はないよ

総当たり戦の表を作ろう

繰り返し文の総まとめに、総当たり戦の表を作ってみよう

総当たり戦って、全チームが対戦する方式ですよね

そうそれ。面倒だからプログラムにやってもらおう

単純にすべての組み合わせを並べる

　総当たり戦とは、「A vs B」「A vs C」という組み合わせを作っていくことです。単純に考えれば、九九の計算と同じような多重ループで作れるはずです。今回はA〜Eの5つのチームがあるとして、それらの名前を配列にして変数teamに入れておきます。そして二重のfor文で、配列から名前を順番に取り出し、2つのチーム名を組み合わせて表示していきます。

■ Chap3_8_1.java

```java
String[] team = { "A","B","C","D","E" };
for( String t1 : team ){
  for( String t2 : team ){
    System.out.println( t1 + "vs" + t2);
  }
}
```

行3　String[]型　変数team 入れろ　文字列「A」文字列「B」文字列「C」文字列「D」文字列「E」
行4　…の間　String型　変数t1　変数team　以下を繰り返せ
行5　…の間　String型　変数t2　変数team　以下を繰り返せ
行6　Systemクラス　標準出力　表示しろ　変数t1 連結 文字列「vs」連結 変数t2
ブロック終了
ブロック終了

読み下し文

3 配列{文字列「A」, 文字列「B」, 文字列「C」, 文字列「D」, 文字列「E」}を、
String[]型で作成した変数teamに入れろ。

4 変数team内の要素を1つずつString型の変数t1に入れる間、以下を繰り返せ

5 { 変数team内の要素を1つずつString型の変数t2に入れる間、以下を繰り返せ

6 { 変数t1と文字列「vs」と変数t2を連結した結果を表示しろ。 }

}

プログラムを実行してみましょう。

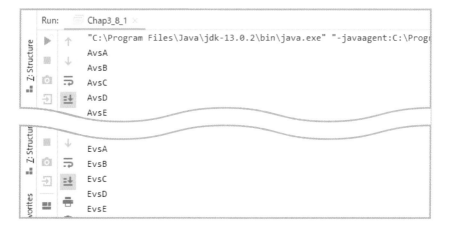

あ、同じチーム同士の試合ができちゃってますよ。「A vs A」とか「B vs B」とか

単純に同じものを組み合わせてるからそうなるよね。どうしたらいいと思う？

if文で同じチーム同士なら表示しないことにしたらどうでしょう？

内側のfor文のブロック内にif文を書き、チーム名が等しくないときだけ表示するようにします。equals（イコールズ）メソッドを使って同じ文字列かを比較します。等しいときにtrueが返ってくるため、!演算子で結果を反転させます。

■ Chap3_8_2.java

```
String[] team = { "A","B","C","D","E" };
for( String t1 : team ){
    for( String t2 : team ){
        if( !t1.equals(t2) ){
            System.out.println(t1+ "vs" +t2);
        }
    }
}
```

読み下し文

3　配列{文字列「A」,文字列「B」,文字列「C」,文字列「D」,文字列「E」}を、String[]型で作成した変数teamに入れろ。

4　変数team内の要素を1つずつString型の変数t1に入れる間、以下を繰り返せ

5　{ 変数team内の要素を1つずつString型の変数t2に入れる間、以下を繰り返せ

6　{ もしも「変数t1の値が変数t2の値と同じではない」が真なら以下を実行せよ

7　{ 変数t1と文字列「vs」と変数t2を連結した結果を表示しろ。 }

　}

　}

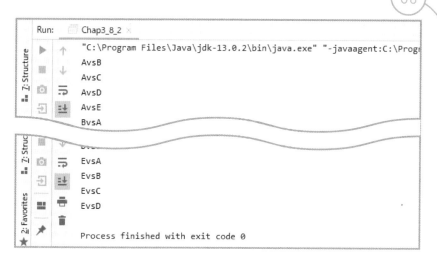

```
Run:    Chap3_8_2 ×
    "C:\Program Files\Java\jdk-13.0.2\bin\java.exe" "-javaagent:C:\Prog
    AvsB
    AvsC
    AvsD
    AvsE
    BvsA
```

```
    EvsA
    EvsB
    EvsC
    EvsD

    Process finished with exit code 0
```

できましたね！

配列の要素の数だけ繰り返す

「配列.length」で、配列の要素数を取得できます。配列自体を繰り返しの条件として指定するのではなく、以下のように配列の要素の数だけ繰り返し処理することも可能です。

```java
String[] team = { "A", "B", "C", "D", "E" };

for(int i = 0 ; i < team.length; i++){

    System.out.println(team[i]);

}
```

```
Run:    Chap3_8_3 ×
    "C:\Program Files\Java\jdk-13.0.2\bin\java.exe" "-javaagent:C:\Program Files\
    A
    B
    C
    D
    E
```

エラーメッセージを読み解こう③

繰り返し文の条件を間違えると、いつまで経っても終わらなくなる場合があるんだよ。そういう無限に続く繰り返し文を「無限ループ」という

無限ループ！　日常会話でも聞く言葉ですね

無限ループを止める

　例えば次のプログラムは「変数numが0以上である限り」繰り返します。ところがブロック内で変数numに1ずつ足しているので、変数numが0より小さくなることはありません。いつまで経っても継続条件の「num>=0」はtrueのままです。

■Chap3_9_1.java

```
      int型  変数num 入れろ 数値0
3   int num = 0;

      真である限り   変数num  以上  数値0    以下を繰り返せ
4   while( num >= 0 ){

            変数num 入れろ 変数num 足す 数値1
5       num = num + 1;

            Systemクラス  標準出力    表示しろ        変数num
6       System.out.println( num );

  ブロック終了
    }
```

読み下し文

3　数値0を、int型で作成した変数numに入れろ。

4　「変数numが数値0以上」が真である限り、以下を繰り返せ

5　{　変数numに数値1を足した結果を変数numに入れろ。

6　　　変数numを表示しろ。　}

　無限ループになるといつまで経ってもプログラムは終了しないので、手動で停止させる必要があります。

❶ [■ (Stop)]をクリックする

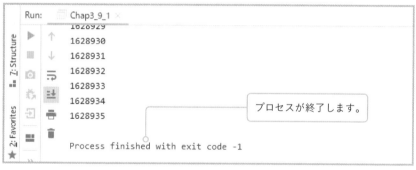

プロセスが終了します。

while文を書くときは、ループを抜ける条件を書き忘れないようにしよう

わかりました！

復習ドリル

問題1：松竹梅を表示するプログラムを書く

以下の読み下し文を読んで、松竹梅を表示するプログラムを書いてください。
ヒント：Chap3_7_1.javaが参考になります。

読み下し文

3　**配列〔文字列「松」, 文字列「竹」, 文字列「梅」〕を、String[]型で作成した変数 gradeに入れろ。**

4　**変数grade内の要素を1つずつString型の変数gに入れる間、以下を繰り返せ**

5　**{　変数gを表示しろ。　}**

```
Run:    Chap3_10_1 ×
        "C:\Program Files\Java\jdk-13.0.2\bin\java.exe" "-javaagent:C:\Progr
        松
        竹
        梅

        Process finished with exit code 0
```

「東西南北」を表示する代わりに「松竹梅」にするんですね

そのとおり。ちょっと変えるだけだよ

問題2：東西南北を逆順に表示するプログラムを書く

以下の読み下し文を読んで、北方向〜東方向を表示するプログラムを書いてください。配列には「東、西、南、北」の順番に格納されているものとします。

ヒント：Chap3_4_1.javaにChap3_6_1.javaを組み合わせます。

読み下し文

3	配列 {文字列「東」, 文字列「西」, 文字列「南」, 文字列「北」} を、String[]型で作成した変数ewsnに入れろ。
4	int型で作成した変数iを数値3で初期化し、継続条件「変数iが数値0以上」が真の間、以下を繰り返せ
5	{　変数ewsnの要素iと文字列「方向」を連結した結果を表示しろ。　} 変数iを1減らす。

```
Run:    Chap3_10_2 ×
        "C:\Program Files\Java\jdk-13.0.2\bin\java.exe" "-javaagent:C:\Progr
        北方向
        南方向
        西方向
        東方向

        Process finished with exit code 0
```

逆順にするってところがミソだよ

でくりめんと……でしたっけ？

解答 1

解答例は次のとおりです。

■ Chap 3_10_1.java

```
3  String[] grade = { "松", "竹", "梅" };

4  for( String g : grade ){

5      System.out.println( g );

   }
```

String[]型 / 変数grade / 入れろ / 文字列「松」 / 文字列「竹」 / 文字列「梅」
…の間 / String型 / 変数g / 変数grade / 以下を繰り返せ
Systemクラス / 標準出力 / 表示しろ / 変数g
ブロック終了

解答 2

解答例は次のとおりです。

■ Chap 3_10_2.java

```
3  String[] ewsn = { "東","西","南","北" };

4  for( int i = 3; i >= 0; i--){

5      System.out.println( ewsn[i] + "方向");

   }
```

String[]型 / 変数ewsn / 入れろ / 文字列「東」 / 文字列「西」 / 文字列「南」 / 文字列「北」
…の間 / int型 変数i入れろ 数値3 / 変数i 以上 数値0 / 変数i 1減 / 以下を繰り返せ
Systemクラス / 標準出力 / 表示しろ / 変数ewsn 要素i 連結 文字列「方向」
ブロック終了

Chapter

オブジェクト指向を
学ぼう

オブジェクト指向とクラス

Javaはオブジェクト指向の言語なんだけど、オブジェクト指向って聞いたことあるかな？

よく聞きますけど、イマイチわからないんですよね

修正や変更がしやすいように、部品ごとにプログラムを書きましょうって考え方だよ

オブジェクト指向とは

　オブジェクト指向とは、簡単にいうと「変数（データ）とメソッド（命令）をひとまとめにしたクラスを作る」というプログラミングの方法です。アプリの規模が大きくなると、プログラムの行数が増え段々と複雑になり、変数とメソッドも増えるため、どのメソッドがどの変数を使うのかがわかりにくくなります。そうするとあとからプログラムの追加をしたり、修正を行ったりするのが難しくなってしまいます。これらの問題を解決するために、柔軟にプログラムを開発できるようにと考え出されたのが、オブジェクト指向という考え方なのです。

オブジェクト指向のメリット

- プログラムが部品化されているので把握しやすい
- モノ（オブジェクト）を操作するようにプログラミングができる
- メソッドが利用する変数がわかりやすい
- 複数人で作業を分業しやすい
- 変更できる部分とそうでない部分を明確にできる

クラスという設計図からインスタンスを作る

　Javaではクラスという設計図に、メソッドを定義し、所持できる変数を用意します。クラスから実体化すると、メモリ上に配置され、命令の呼び出しやデータを記憶できる状態になります。クラスから実体化したものをインスタンスまたはオブジェクトと呼びます。

　設計図から車を量産できるように、1つのクラスから複数のインスタンスを作成できます。作られたインスタンスは同じクラスをもとにしていても別の存在として、それぞれでデータを持つことができます。例えば、「num」という変数名で数値を保持できるクラスがあるとします。その場合、そのインスタンスに、それぞれ別の数値を保持させることが可能です。

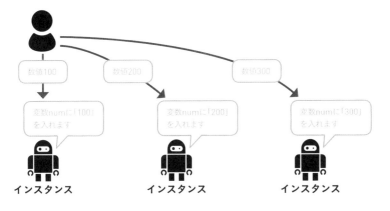

同じ設計図から複数のインスタンスを作っても、それぞれ別の存在なんだ

空のクラスを作って
インスタンス化する

オブジェクト指向を体感するために、クラスを作ってインスタンス化してみよう

クラスって今までも作ってましたよね?

今回は、mainメソッドがないクラスを別に作るんだ

インスタンス化とは

クラスは設計図だと説明しましたが、設計図のままではプログラムを実行することはできません。プログラムを動かすためには、設計図からインスタンス(実体)化する必要があります。インスタンス化は「new クラス名()」の形式で書きます。

new

設計図:Chara クラス　　　　　　　　　**Charaインスタンス**

新規作成

○○型 変数 = new ○○クラス();

読み下し

○○クラスのインスタンスを新規作成し、○○型で作成した変数に入れろ。

キーボードから入力を求める処理も、Scannerクラスをインスタンス化して実行していました。Scannerクラスは、Javaが元々用意していた組み込みクラスと呼ばれるクラスです。Chapter 4では、オリジナル(独自)のクラスを作ってインスタンス化しましょう。

それでは、mainメソッドのないCharaクラスを作ります。Charaクラスには、mainメソッドを作らないでください。

■Chara.java

パブリック設定　クラス作成　Charaという名前

```
1  public class Chara{

   ブロック終了
   }
```

次は、Charaクラスをインスタンス化するChap4_2_1クラスを作ります。Chap4_2_1クラスは、今までのプログラムと同様にmainメソッドを作ってください。

■Chap4_2_1.java

パブリック設定　クラス作成　Chap4_2_1という名前

```
1  public class Chap4_2_1{

      パブリック設定　静的　戻り値なしmainという名前　String[]型　引数args
2     public static void main(String[] args){

         Chara型　変数chara　入れろ新規作成　Charaクラス
3        Chara chara = new Chara();

      ブロック終了
      }

   ブロック終了
   }
```

読み下し文

1　**パブリック設定でChap4_2_1という名前のクラスを作成せよ{**

2　**パブリック設定かつ静的で、戻り値がなく、String[]型の引数argsを受けとる**
　　mainという名前のメソッドを作成せよ

3　**{　Charaクラスのインスタンスを新規作成し、Chara型で作成した変数chara**
　　に入れろ。　}

　　}

メソッドを作る

Chap4_2_1クラスを実行しても何も表示されないです！
Charaクラスはちゃんとインスタンス化されているんですか？

Charaクラスはまだ中身が空っぽの状態だから、メソッド
を作ろう

オリジナルクラスにもメソッドが追加できるんですね！

オリジナルクラスにメソッドを追加する

139ページの状態で、Chap4_2_1クラスのmainメソッドを実行してもコンソールには何も表示されません。Charaクラスをインスタンス化したとしても、実行できるメソッド（命令）が作られていないからです。

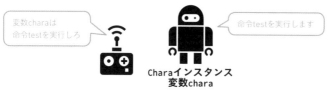

変数charaは
命令testを実行しろ

命令testを実行します

Charaインスタンス
変数chara

```
public class TestClass(){
 public static void main(){
   Chara chara = new Chara();
   chara.test();
 }
}
```

```
public class Chara(){
 public void test(){

 }
}
```

オリジナルのクラスを作れるのと同様に、オリジナルのメソッドを作ることができます。メソッドを作ることを「定義」といいます。また、メソッドを使うことを「呼び出し」といいます。

パブリック設定　戻り値なし　　○○○○○という名前　　引数なし

引数がないメソッドを作る場合はカッコのみを書く

```
public_void_ ○○○○○ ( ) {
    メソッド内で実行する処理
}
```

ブロック終了

ブロック内にメソッドの処理を書く

読み下し

パブリック設定で、戻り値がなく、引数を受けとらない○○○○○という名前のメソッドを作成せよ
{ メソッド内で実行する処理 }

　mainメソッドの定義に少し似ていますが、「static」の指定が不要で引数は必須ではありません。また戻り値を返すことができるので、戻り値がある場合は「void」の代わりに戻り値の型（150ページ参照）を書きます。メソッド名の付け方は変数名とほぼ同じルールですが、小文字で始めて言葉の区切りを大文字にしましょう。メソッド名のあとにはカッコを付けて、そのメソッドが使う引数の名前を書きますが、引数を使う必要がない場合は、カッコだけ書きます。

　Charaクラスに、引数がなく戻り値もない「sayJob」メソッドを追加しましょう。

■Chara.java

パブリック設定　　クラス作成　Charaという名前

```
1  public_class_Chara{
```

パブリック設定　　戻り値なし　sayJobという名前

```
2      public_void_sayJob(){
```

Systemクラス　標準出力　　表示しろ　　文字列「キャラです。」

```
3          System.out.println("キャラです。");
```

ブロック終了

```
    }
```

ブロック終了

```
}
```

読み下し文

1	パブリック設定でCharaという名前のクラスを作成せよ{
2	パブリック設定で、戻り値がなく、引数を受けとらないsayJobという名前のメソッドを作成せよ
3	{ 文字列「キャラです。」を表示しろ。 }
	}

Chap4_2_1クラスで、インスタンス化したCharaクラスのsayJobメソッドを呼び出しましょう。

■Chap4_2_1.java（mainメソッド内）

```
     Chara型    変数chara  入れろ 新規作成  Charaクラス
3    Chara chara = new Chara();
     変数chara      職業を言え
4    chara.sayJob();
```

読み下し文

3	Charaクラスのインスタンスを新規作成し、Chara型で作成した変数charaに入れろ。
4	変数charaの職業を言え。

Chap4_2_1クラスのmainメソッドを実行した結果は、下記のとおりです。

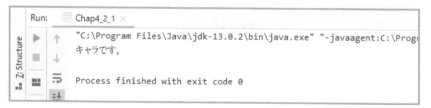

```
Run:    Chap4_2_1 ×
     "C:\Program Files\Java\jdk-13.0.2\bin\java.exe" "-javaagent:C:\Prog
     キャラです。

     Process finished with exit code 0
```

全部のクラスにmainメソッドを書く必要はないんですね

そうそう、最初に実行したいクラスにmainメソッドを書くって感じかな

mainメソッドはエントリーポイント

Javaの仕様として、プログラムの実行時に最初に呼び出されるメソッドは、mainメソッドという決まりがあります。最初に呼び出されるmainメソッドは、エントリーポイント（入り口）とも呼ばれます。

引数は必ずString[]型

```
パブリック設定    静的な    戻り値なし  mainという名前  String[]型    引数args
public_static_void_main (String[] args ) {
       メソッド内で実行する処理
ブロック終了
}
```

⬇ 読み下し

パブリック設定かつ静的な、戻り値がなく、String[]型の引数argsを受けとるmainという名前のメソッドを作成せよ
{   メソッド内で実行する処理   }

エントリーポイントとなるmainメソッドの定義は、必ず上記の形式にする必要があります。引数名だけは、任意の名前にすることも可能です。

```
ⓒ Chap4_2_1.java
1 ▶    public class Chap4_2_1 {
2 ▶        public static void main(Str
3              Chara chara = new Chara
4              chara.seyJob();
5          }
6    }
```

```
ⓒ Chap4_2_1.java
1      public class Chap4_2_1 {
2          public void main(String[] a
3              Chara chara = new Chara
4              chara.seyJob();
5          }
6    }
```

右上のコードように、「static」を消しただけで、エントリーポイントとは判断されず、mainメソッド行に表示される「▶」アイコンも消えてしまいます。

メンバー変数を作る

オリジナルのクラスとメソッドに続いて、メンバー変数を作ってみようか

今までも変数って作ってましたけど、何か違うんですか？

変数には、メンバー変数とローカル変数があるんだよ

メンバー変数とローカル変数

変数はメソッドのブロック外、つまりクラスブロック内の直下で作った変数のことを、メンバー変数またはフィールドと呼びます。メソッド内で作成した変数は、ローカル変数と呼ばれます。ローカル変数は作ったメソッドのブロック内でのみ使うことができます。メンバー変数は、クラス内のどのメソッドからも使うことができます。そのため、クラス内で共有するデータなどを記憶するために使います。

```
public class Chara{
  public int num = 0;

  public void a(){
    int numA = 0;
    this.num = 10;
  }

  public void b(){
    int numB = 0;
    this.num = 100;
  }
}
```

「num」はメンバー変数なので、どのメソッドでも使える

「numA」はaメソッドのローカル変数なので、bメソッドでは使えない

メソッド内でメンバー変数を使うときは、「this.変数名」と書きます。メンバー変数の作り方は、ローカル変数の作り方とほぼ同じですが、アクセス修飾子（148ページ参照）を付けます。「public」はどこからでもアクセスできることを示す、アクセス修飾子です。

アクセス修飾子を付ける

パブリック設定　　　　　　　　　　入れろ

public␣ ○○型␣ 変数 = 値;　　　読み下し

値を、パブリック設定かつ○○型で作成した変数に入れろ。

「this.」を省略することも可能ですが、本書ではメンバー変数とローカル変数を見分けやすくするために、メンバー変数を使うときは「this.変数名」としています。

それでは、Charaクラスにメンバー変数を作って、sayJobメソッドでメンバー変数を使ってみましょう。

■ Chara.java

```
1  public class Chara{
2      public String job = "冒険者";
3      public void sayJob(){
4          System.out.println(this.job+"です。");
       }
   }
```

パブリック設定　　クラス作成　Charaという名前

パブリック設定　　　String型　変数job 入れろ　文字列「冒険者」

パブリック設定　戻り値なし　sayJobという名前

Systemクラス　標準出力　　表示しろ　　　この　変数job 連結　文字列「です。」

ブロック終了

ブロック終了

1	**パブリック設定でCharaという名前のクラスを作成せよ{**
2	**文字列「冒険者」を、パブリック設定かつString型で作成したメンバー変数job に入れろ。**
3	**パブリック設定で、戻り値がなく引数を受けとらない、sayJobという名前のメ ソッドを作成せよ**
4	**{　メンバー変数jobと文字列「です。」を連結した結果を表示しろ。　}**
	}

この状態で、Chap4_2_1.javaを実行した結果は、以下のとおりです。

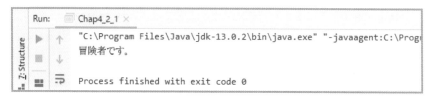

```
Run:    Chap4_2_1 ×
        "C:\Program Files\Java\jdk-13.0.2\bin\java.exe" "-javaagent:C:\Progr
        冒険者です。

        Process finished with exit code 0
```

メンバー変数に入れておいた値が、メソッドで表示でき ましたね

インスタンスの中で共有できることがわかってもらえたかな

クラス外からメンバー変数を書き替える

　145ページで、Charaクラスのメンバー変数jobは、アクセス修飾子に「public」 を付けています。「public」はどこからでもアクセスできることを示しているので、 Charaクラス以外の場所からもアクセスできる状態です。

```
public class TestClass(){
    public void main(){
    Chara chara = new Chara();
    chara.num = 100;
    chara.a();
    }
}
```

```
public class Chara{
    public int num = 0;
    public void a(){


    }
}
```

では、実際にCharaクラスのメンバー変数jobを、Chap4_2_1クラスから書き替えてみましょう。次のようにmainメソッド内を書き替えます。

■Chap4_2_1.java（mainメソッド内）

```
  Chara型      変数chara 入れろ 新規作成 Charaクラス
3 Chara_chara = new_Chara();

  変数chara     変数job入れろ  文字列「魔王」
4 chara.job = "魔王";

  変数chara      職業を言え
5 chara.sayJob();
```

読み下し文

3　Charaクラスのインスタンスを新規作成し、Chara型で作成した変数charaに入れろ。

4　文字列「魔王」を変数charaのメンバー変数jobに入れろ。

5　変数charaの職業を言え。

```
Run:    Chap4_2_1 ×
▶  ↑   "C:\Program Files\Java\jdk-13.0.2\bin\java.exe" "-javaagent:C:\Prog
        魔王です。
   ↓
■  ⇥   Process finished with exit code 0
  ≡↓
```

実行するとCharaクラスのメンバー変数jobが書き替えられることがわかります。

どこからでも変更できて便利ですね！

うーん、この程度の規模ならそうなんだけど、複数人で1つプロジェクトを作るときは、どこからでも書き替えられると困ったことがあるんだ

カプセル化する

オブジェクト指向の考え方の1つにカプセル化っていうのがあるんだ

薬のカプセル……とは違うんですよね？

包み込むって意味では一緒かな

カプセル化とは

　必要なものだけを公開し、不必要なものは隠蔽するという考え方をカプセル化といいます。例えば、int型のメンバー変数numがあったとします。メンバー変数numは、0〜100の間の値を入れるというルールがあったとしても、外部クラスからアクセスできる状態だと、ルール外の値を入れられてしまう可能性があります。

メンバー変数numを「30」にしろ

メンバー変数numは「1」

メンバー変数numを「-50」にしろ

　1人で開発している場合は問題ありませんが、複数人で開発している場合は意図していないアクセスがされないように明確なアクセス制限を付けることが望ましいです。アクセス制限をするには、アクセス修飾子を利用します。

主なアクセス修飾子

アクセス修飾子	意味
public	すべてのクラスからアクセス可能
private	同じクラス内からのみアクセス可能
なし	同じパッケージからアクセス可能（パッケージについては55ページを参照）

　アクセス修飾子は、メンバー変数以外にもクラスやメソッドにも指定します。メソッドもクラス外からアクセスされたくない場合は、publicではなくprivateを付けることでアクセスを制限できます。

　それでは実際に、Charaクラスのメンバー変数jobのアクセス修飾子をprivateに書き替えましょう。

■Chara.java（抜粋）

プライベート設定　　String型　　変数job 入れろ　　文字列「冒険者」

```
2  private_String_job = "冒険者";
```

読み下し文

2　文字列「冒険者」を、プライベート設定かつString型で作成したメンバー変数jobに入れろ。

　この状態でChap4_2_1クラスを実行しようとすると、エラーになり実行できなくなります。

```
Messages:   Build ×
  ▶▶   ⓘ  Information: java: Errors occurred while compiling module 'furiJavaLesson'
       ⓘ  Information: javac 13.0.2 was used to compile java sources
       ⓘ  Information: 2019/11/28 14:49 - Build completed with 1 error and 0 warnings in 1 s 453 ms
  ∨ ⬛ C:¥Users¥libroworks¥IdeaProjects¥firiJavaLesson¥src¥Chap4_2_1.java
       ❗ Error:(4, 14) java: jobはCharaでprivateアクセスされます
```

メンバー変数jobを更新したいときはどうすればいいんですか？

ゲッターとセッターっていうアクセス用のメソッドを定義して、更新や取得ができるようにするんだ

ゲッターとセッター

外部からメンバー変数を戻り値として返すメソッドを「ゲッター（getter）」、外部からメンバー変数の値を更新するメソッドを「セッター（setter）」といいます。

ゲッターとセッターのメソッド名にはルールがあり、getterは「getメンバー変数名」、setterは「setメンバー変数名」という形式で、メソッド名に付けるメンバー変数名は頭の文字を大文字にします。メンバー変数jobの場合は、「getJob」「setJob」というメソッド名になります。

```
public ␣〇〇型 ␣get変数名( ){
    return ␣変数;
}
```

読み下し

パブリック設定で、〇〇型の戻り値を返すget変数名という名前のメソッドを作成せよ
{ 変数を呼び出し元に返せ。 }

ゲッターは、return文を使ってメンバー変数を戻り値として呼び出し元に返します。戻り値を返すメソッドは、メソッド定義のときに「void」ではなく「戻り値の型」を書きます。

セッターは、戻り値がなく、メンバー変数に入れる値を引数として受けとります。

パブリック設定　戻り値なし
```
public␣void␣set変数名(○○型␣引数){
    変数 = 引数;
}
```
入れろ　ブロック終了

読み下し

パブリック設定で、戻り値がなく、○○型の引数を受けとるset変数名という名前のメソッドを作成せよ
{　引数を変数に入れろ。　}

セッターのメソッド内では、if文などで引数の値を判別したうえで、メンバー変数に値を入れるようなプログラムを書くこともあります。

Charaクラスにメンバー変数jobのゲッターとセッターを追加しましょう。

■Chara.java

```
}                                      // ブロック終了
public␣String␣getJob(){               // パブリック設定 String型 getJobという名前 引数なし
    return␣this.job;                  // 呼び出し元に返せ この 変数job
}                                      // ブロック終了
public␣void␣setJob(String␣job){       // パブリック設定 戻り値なし setJobという名前 String型 引数job
    if( !job.equals("魔王") ){         // もしも ではない 引数job 同じ 文字列「魔王」 真なら以下を実行せよ
        this.job = job;                // この 変数job 入れろ 引数job
    }                                  // ブロック終了
}                                      // ブロック終了
```

5	パブリック設定で、String型の戻り値があり、引数を受けとらないgetJobという名前のメソッドを作成せよ
6	{ メンバー変数jobを呼び出し元に返せ。 }
7	パブリック設定で、戻り値がなく、String型の引数jobを受けとるsetJobという名前のメソッドを作成せよ
8	{ もしも「引数jobの値が文字列「魔王」と同じではない」が真なら以下を実行せよ
9	{ 引数jobをメンバー変数jobに入れろ。} }

　セッターでは、if文を利用して文字列「魔王」ではないことをチェックし、値をメンバー変数jobに入れる処理になっています。
　Chap4_2_1クラスは、147ページの状態だとエラーのままなので、Charaクラスのゲッターとセッターを呼び出すプログラムに書き替えましょう。

■Chap4_2_1.java（mainメソッド内）

```
3  Chara chara = new Chara();
```
Chara型　変数chara　入れろ 新規作成 Charaクラス

```
4  System.out.println( chara.getJob() );
```
Systemクラス　標準出力　表示しろ　　変数chara　職業を取得しろ

```
5  chara.setJob("勇者");
```
変数chara　職業に入れろ　文字列「勇者」

```
6  chara.sayJob();
```
変数chara　職業を言え

読み下し文

3	Charaクラスのインスタンスを新規作成し、Chara型で作成した変数charaに入れろ。
4	変数charaから職業を取得した結果を表示しろ。
5	文字列「勇者」を変数charaの職業に入れろ。
6	変数charaの職業を言え。

IntelliJのゲッターとセッターのプログラム補完

IntelliJのプログラム補完機能を使って、作ったメンバー変数のゲッターとセッターを入力できます。 Alt + Insert キーを押してGenerateを表示します（macOSの場合は command + N キーを押す）。ここでは［Getter and Setter］を選択しますが、ゲッターのみを定義したい場合は［Getter］を選択します。

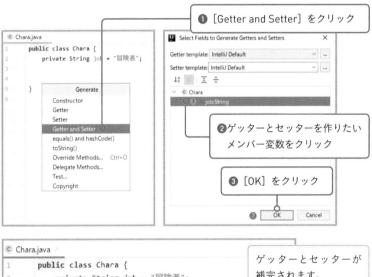

❶［Getter and Setter］をクリック

❷ゲッターとセッターを作りたい
メンバー変数をクリック

❸［OK］をクリック

ゲッターとセッターが
補完されます。

コンストラクタで初期化する

インスタンス化するときにあらかじめ値を渡せたら便利だと思わない？

そうですね……そのほうがプログラムが減りそうです

次はコンストラクタを作ってみよう

コンストラクタとは

　クラスをインスタンス化するときに、一度だけ呼び出されるクラス名と同じ名前のメソッドをコンストラクタといいます。コンストラクタに引数を指定することで、インスタンス化するときにあらかじめ値を渡せるようになります。

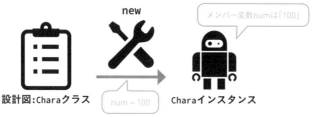

new

メンバー変数numは「100」

設計図：Chara クラス　　num = 100　　Chara **インスタンス**

　コンストラクタの定義には、2つのルールがあります。

❶クラス名と同名の名前を付ける

　141ページで、「メソッド名は小文字で始める」と説明しましたが、クラス名と同名にする必要があるので、コンストラクタに限っては大文字で始まるメソッド名にします。

❷「void」を付けない

　コンストラクタは戻り値を返せないメソッドですが、「void」を付けてはいけません。

クラス名と同じ
メソッド名にする

引数は必須ではない

パブリック設定

```
public␣○○○○○○( ○○型␣引数 ){
    メソッド内で実行する処理
```

ブロック終了

```
}
```

読み下し

パブリック設定で、○○型の引数を受けとる○○○○○という名前のメソッドを作成せよ
{ メソッド内で実行する処理 }

コンストラクタに複数の引数を指定することも、引数なしとすることもできます。ここでは、Charaクラスにコンストラクタを追加してみましょう。引数として文字列を受けとるコンストラクタを、メンバー変数を作った次の行に書いてください。

■Chara.java（抜粋）

パブリック設定　Charaという名前　String型　　引数job

```
3  public␣Chara(String␣job){
```

職業に入れろ　　引数job

```
4      setJob( job );
```

ブロック終了

```
}
```

読み下し文

3　パブリック設定で、String型の引数jobを受けとるCharaという名前のメソッドを作成せよ

4　{　引数jobを指定して職業に入れろ。　}

Charaクラスは何度か変更しているから全体を確認してみよう

■Chara.java

```java
1  public class Chara {
2    private String job = "冒険者";
3    public Chara(String job){
4      setJob( job );
     }
5    public void sayJob(){
6      System.out.println(this.job+"です。");
     }
7    public String getJob(){
8      return this.job;
     }
9    public void setJob(String job){
10     if( !job.equals("魔王") ){
11       this.job = job;
       }
     }
   }
```

140〜150ページにかけて少しずつCharaクラスのプログラムを書いてきましたが、ここまでプログラムを書いているとこのような状態になります。続いて、Chap4_2_1クラスでCharaクラスをインスタンス化するときに、引数を指定するプログラムに修正してみましょう。

■Chap4_2_1.java（mainメソッド内）

```java
                 Chara型      変数chara1  入れろ 新規作成 Charaクラス    文字列「剣士」
3  Chara chara1 = new Chara("剣士");
                 Chara型      変数chara2  入れろ 新規作成 Charaクラス      文字列「魔法使い」
4  Chara chara2 = new Chara("魔法使い");
   変数chara1      職業を言え
5  chara1.sayJob();
   変数chara2      職業を言え
6  chara2.sayJob();
```

読み下し文

3 文字列「剣士」を指定してCharaクラスのインスタンスを新規作成し、Chara型で作成した変数chara1に入れろ。

4 文字列「魔法使い」を指定してCharaクラスのインスタンスを新規作成し、Chara型で作成した変数chara2に入れろ。

5 変数chara1の職業を言え。

6 変数chara2の職業を言え。

Chap4_2_1クラスのmainメソッドを実行してみましょう。

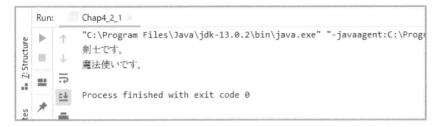

コンストラクタがないときは

コンストラクタを定義していないときは、デフォルトコンストラクタと呼ばれるコンストラクタが内部的に作られます。デフォルトコンストラクタは、アクセス修飾子がなく、引数も受けとりません。

```
public class クラス名{

    クラス名(){

    }

}
```

142ページでプログラムを実行したときは、コンストラクタを定義していないため、デフォルトコンストラクタが呼び出されています。

Chap.

4

オブジェクト指向を学ぼう

コレクションクラスで情報をまとめる

そういえば配列以外にもコレクションクラスを使ってデータをまとめられるよ

コレクション……収集って意味ですかね？　データをまとめるって配列みたいですね

配列とは違って、自由に要素の追加や削除ができるんだ

コレクションクラスとは何か

　Javaでは複数の要素を扱うための機能として、配列以外にコレクションクラスと呼ばれる、データをまとめることのできるクラスがあります。コレクションクラスは変数を作るときに要素数の指定が不要で、あとから自由に要素を追加できるという特徴があります。コレクションクラスのArrayListクラスは配列と似ていて、データを格納した順番に保持します。

> ArrayListに入れる
> 要素の型を指定

> ArrayListに入れる
> 要素の型を指定

ArrayList型　　　　　　　　　　入れろ 新規作成　ArrayList型
ArrayList<○○型> 変数 = new ArrayList<○○型>();
追加しろ
変数.add(値);

読み下し

> 要素が○○型のArrayListクラスのインスタンスを新規作成し、
> 要素が○○型のArrayList型で作成した変数に入れろ。
> 値を変数に追加しろ。

　ArrayListをインスタンス化するときは、ArrayListのうしろに続けて「<（小なり）」と「>（大なり）」の間に、リストに入れるデータの型を指定します。要素を追加するときは、addメソッドで追加したい要素を引数として渡します。

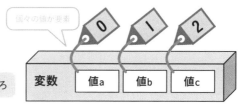

変数.get(0)
取得しろ 数値0

読み下し → 変数の要素0を取得しろ

個々の値が要素

変数　値a　値b　値c

要素を取得するときはgetメソッドに取得したい要素のインデックスを指定します。リストを作って内容を表示するプログラムを書いてみましょう。

■ Chap 4_7_1.java

```java
import java.util.ArrayList;

public class Chap4_7_1 {

    public static void main(String[] args){

        ArrayList<String> list =
            new ArrayList<String>();

        list.add("日本");

        list.add("アメリカ");

        list.add("イギリス");

        System.out.println(list.get(2));
    }
}
```

1 import java.util.ArrayList;
取り込め　java.utilパッケージ　ArrayListクラス

2 public class Chap4_7_1 {
パブリック設定　クラス作成　Chap4_7_1という名前

3 public static void main(String[] args){
パブリック設定　静的　戻り値なし mainという名前　String[]型　引数args

4 ArrayList<String> list = 折り返し
ArrayList型　String型　変数list 入れろ
new ArrayList<String>();
新規作成　ArrayListクラス　String型

5 list.add("日本");
変数list 追加しろ　文字列「日本」

6 list.add("アメリカ");
変数list 追加しろ　文字列「アメリカ」

7 list.add("イギリス");
変数list 追加しろ　文字列「イギリス」

8 System.out.println(list.get(2));
Systemクラス　標準出力　表示しろ　変数list 取得しろ 数値2

ブロック終了
}

ブロック終了
}

読み下し文

1	java.utilパッケージのArrayListクラスを取り込め。
2	パブリック設定でChap4_7_1という名前のクラスを作成せよ{
3	パブリック設定かつ静的で、戻り値がなく、String[]型の引数argsを受けとるmainという名前のメソッドを作成せよ
4	{ 要素がString型のArrayListクラスのインスタンスを新規作成し、要素がString型のArrayList型で作成した変数listに入れろ。
5	文字列「日本」を変数listに追加しろ。
6	文字列「アメリカ」を変数listに追加しろ。
7	文字列「イギリス」を変数listに追加しろ。
8	変数listの要素2を取得した結果を表示しろ。　}
	}

　リストを使うには、java.util.ArrayListクラスをimportしてください。実行結果は以下のようになります。配列と同様に、インデックスは0からです。インデックスに2を指定したので、「イギリス」が表示されます。

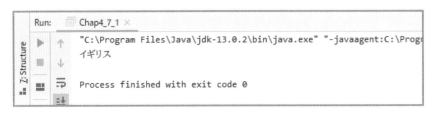

配列とコレクションクラスの違いって、最初に要素数を指定しなくてもいいだけですか？

いやいや、それともう1つ、あとから要素を削除できるんだ

リストから要素を削除する

　コレクションクラスは、配列と違い要素数の指定は不要です。また、配列と異

なるポイントとして、追加した要素をあとから削除できます。削除するときには、removeメソッドを使います。

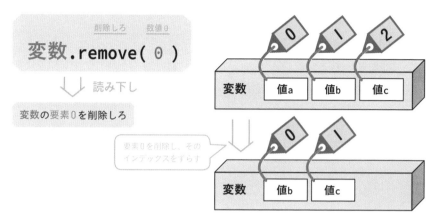

削除しろ　数値0

変数.remove(0)

⬇ 読み下し

変数の要素0を削除しろ

要素0を削除し、そのインデックスをずらす

　要素を削除すると、その分インデックスがずれていきます。以下のChap4_7_2クラスは、mainメソッド内のみ記載しています。ArrayListクラスのimportを忘れないようにしてください。

■Chap4_7_2.java（mainメソッド内）

```
4  ArrayList<String> list = 折り返し
       new ArrayList<String>();
5  list.add("日本");
6  list.add("アメリカ");
7  list.add("イギリス");
8  list.add("中国");
```

```
     Systemクラス  標準出力     表示しろ        変数list  取得しろ 数値2
9  System.out.println(list.get(2));

     変数list      削除しろ     数値2
10 list.remove(2);

     Systemクラス  標準出力     表示しろ        変数list  取得しろ 数値2
11 System.out.println(list.get(2));
```

読み下し文

4 要素がString型のArrayListクラスのインスタンスを新規作成し、要素がString型のArrayList型で作成した変数listに入れろ。

5 文字列「日本」を変数listに追加しろ。

6 文字列「アメリカ」を変数listに追加しろ。

7 文字列「イギリス」を変数listに追加しろ。

8 文字列「中国」を変数listに追加しろ。

9 変数listの要素2を取得した結果を表示しろ。

10 変数listの要素2を削除しろ。

11 変数listの要素2を取得した結果を表示しろ。

Chap4_7_2クラスのmainメソッドを実行してみましょう。

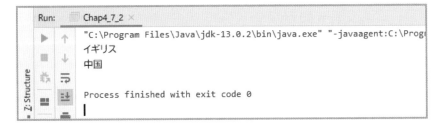

```
Run:   Chap4_7_2 ×

 ▶  ↑   "C:\Program Files\Java\jdk-13.0.2\bin\java.exe" "-javaagent:C:\Prog
        イギリス
 ■  ↓   中国

        Process finished with exit code 0
```

拡張for文にリストを使う

　配列と同じように、リストも拡張for文の繰り返し条件として使うことができます。

■Chap4_7_3.java（mainメソッド内）

4

ArrayList型　　String型　　変数list　入れろ

```
ArrayList<String> list = 折り返し
```

新規作成　ArrayListクラス　String型

```
    new␣ArrayList<String>();
```

5

変数list　追加しろ　文字列「日本」

```
list.add("日本");
```

6

変数list　追加しろ　文字列「アメリカ」

```
list.add("アメリカ");
```

7

変数list　追加しろ　文字列「イギリス」

```
list.add("イギリス");
```

8

…の間　　String型　　変数str　　変数list　　以下を繰り返せ

```
for(String␣str : list){
```

9

Systemクラス　標準出力　表示しろ　変数str

```
    System.out.println(str);
```

ブロック終了

```
}
```

読み下し文

4　要素がString型のArrayListクラスのインスタンスを新規作成し、要素がString型のArrayList型で作成した変数listに入れろ。

5　文字列「日本」を変数listに追加しろ。

6　文字列「アメリカ」を変数listに追加しろ。

7　文字列「イギリス」を変数listに追加しろ。

8　変数list内の要素を1つずつString型の変数strに入れる間、以下を繰り返せ

9　{　変数strを表示しろ。　}

```
Run:    Chap4_7_3
        "C:\Program Files\Java\jdk-13.0.2\bin\java.exe" "-javaagent:C:\Progr
        日本
        アメリカ
        イギリス
```

独自クラスとコレクションクラスを組み合わせる

 ここまでのおさらいとしてCharaクラスとArrayListクラスを組み合わせてみよう

組み合わせるってどういうことですか？

 Charaクラスを複数個インスタンス化してArrayListクラスでまとめるんだ

コレクションクラスにインスタンスを入れる

コレクションクラスのArrayListクラスには、オリジナルのクラスのインスタンスも入れられます。ここまでのおさらいとして、CharaクラスとArrayListクラスを組み合わせてみましょう。

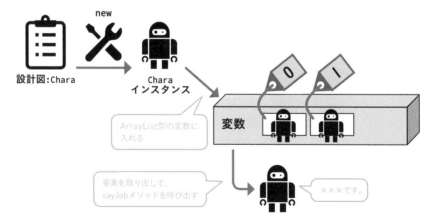

CharaクラスのインスタンスをArrayListに追加して再び取り出します。Chap4_8_1クラスを作成しましょう。

■Chap4_8_1.java

```
取り込め　java.utilパッケージ　ArrayListクラス
import␣java.util.ArrayList;

パブリック設定　クラス作成　Chap4_8_1という名前
public␣class␣Chap4_8_1{

  パブリック設定　静的　戻り値なし　mainという名前　String[]型　引数args
  public␣static␣void␣main(String[] args){

    String[]型　変数jobList　入れろ
    String[] jobList = 折り返し

      文字列「剣士」　文字列「魔法使い」　文字列「格闘家」
      {"剣士","魔法使い","格闘家"};

    ArrayList型　Chara型　変数charaList　入れろ
    ArrayList<Chara> charaList = 折り返し

      新規作成　ArrayListクラス　Chara型
      new␣ArrayList<Chara>();

    …の間　String型　変数job　変数jobList　以下を繰り返せ
    for(String␣job : jobList){

      変数charaList　追加しろ　新規作成　Charaクラス　変数job
      charaList.add( new␣Chara(job) );

    ブロック終了
    }

    …の間　Chara型　変数chara　変数charaList　以下を繰り返せ
    for(Chara␣chara : charaList){

      変数chara　職業を言え
      chara.sayJob();

    ブロック終了
    }

  ブロック終了
  }

ブロック終了
}
```

読み下し文

1	java.utilパッケージのArrayListクラスを取り込め。
2	パブリック設定でChap4_8_1という名前のクラスを作成せよ{
3	パブリック設定かつ静的で、戻り値がなく、String[]型の引数argsを受けとる mainという名前のメソッドを作成せよ
4	{ 配列{文字列「剣士」,文字列「魔法使い」,文字列「格闘家」}を、String[]型で 作成した変数jobListに入れろ。
5	要素がChara型のArrayListクラスのインスタンスを新規作成し、要素が Chara型のArrayList型で作成した変数charaListに入れろ。
6	変数jobList内の要素を1つずつString型の変数jobに入れる間、以下を繰り 返せ
7	{ 変数jobを指定してCharaクラスのインスタンスを新規作成し、変数 charaListに入れろ。 }
8	変数charaList内の要素を1つずつChara型の変数charaに入れる間、以下 を繰り返せ
9	{ 変数charaの職業を言え。 } }
	}

　変数jobListにCharaクラスに指定したい引数の文字列を配列としてまとめて いますが、まとめなかった場合は次のようなプログラムになります。

■ 配列を使わない場合

```
ArrayList<Chara> charaList = new ArrayList<Chara>();

charaList.add(new Chara("剣士"));

charaList.add(new Chara("魔法使い"));

charaList.add(new Chara("格闘家"));
```

　このプログラムのほうが短くてよいプログラムに見えるかもしれませんが、も っと多くの職業を引数として指定し、インスタンスを作りたいとしたらどうでし ょうか。その数だけ、addメソッドを書いて要素を追加しなければなりません。

　もし、3つ以上インスタンス化したいときには、配列の要素数を次のように増やすだけで実現できます。

■配列を使う場合

```
String[] jobList = {"剣士","魔法使い","格闘家","僧侶","踊り子","勇者"};
ArrayList<Chara> charaList = new ArrayList<Chara>();
for(String job:jobList){
    charaList.add(new Chara(job));
}
```

　Charaクラスに引数として指定したい文字列を配列としてまとめておいたほうが、あとから修正しやすいことがわかります。
　それでは、Chap4_8_1クラスのmainメソッドを実行してみましょう。

```
Run:    Chap4_8_1 ×
▶   ↑   "C:\Program Files\Java\jdk-13.0.2\bin\java.exe" "-javaagent:C:\Progr
        剣士です。
        魔法使いです。
■   ⇥   格闘家です。

        Process finished with exit code 0
```

なるほど、オリジナルクラスもこうやってコレクションクラスでまとめられるんですね

ゲームとかでたくさんの敵キャラクターを作りたいときとか、こんな感じでまとめたりするんだ

確かに！　シューティングゲームとかだと敵キャラクターがいっぱい出てきますもんね

NO 09

エラーメッセージを
読み解こう④

範囲外へのアクセス

以下のプログラムは実行するとエラーメッセージが表示されます。

■エラーが発生しているプログラム

```
1  import java.util.ArrayList;
2  public class Chap4_9_1 {
3    public static void main(String[] args) {
4      ArrayList<String> list = new ArrayList<String>();
5      list.add("佐藤");
6      list.add("古川");
7      list.add("三浦");
8      System.out.println(list.get(3));
9    }
10 }
```

```
Chap4_9_1 ×
"C:\Program Files\Java\jdk-13.0.2\bin\java.exe" "-javaagent:C:\Program Files\JetBrains\IntelliJ IDEA C
Exception in thread "main" java.lang.IndexOutOfBoundsException: Index 3 out of bounds for length 3 <3
    at java.base/java.util.Objects.checkIndex(Objects.java:373)
    at java.base/java.util.ArrayList.get(ArrayList.java:425)
    at Chap4_9_1.main(Chap4_9_1.java:8)

Process finished with exit code 1
```
Run   6: TODO   Terminal   0: Messages

このエラーで重要な部分は、2行目と5行目の部分です。

■エラー2行目

中 スレッド 「main」

```
2  Exception in thread "main" 折り返し
```

java.langパッケージ　　　　　　IndexOutOfBoundsExceptionクラス

```
java.lang.IndexOutOfBoundsException: 折り返し
```

インデックス　3　　　　　範囲外　　　　　の　　長さ　　3

```
Index 3 out of bounds for length 3
```

　「Exception」は、実行中に例外処理が発生したことを表します。何が例外処理だったかというと「長さ（要素数）3に範囲外のインデックス3を指定している」ことです。

■エラー5行目

```
5  at Chap4_9_1.main(Chap4_9_1.java:8)
```

　5行目では、エラーの場所としてChap4_9_1.javaの8行目を指しています。「list.get(3)」と書かれていますが、変数listの要素数は3つです。インデックスは0から始まるため、インデックス3の要素はありません。コレクションクラスなどでは、範囲外（存在しない要素）へのアクセスをするといったミスをしやすいので、注意してください。

4

オブジェクト指向を学ぼう

配列も範囲外のインデックスを指定すると似たようなエラーになるから、インデックスの指定には気を付けよう

了解です！

復習ドリル

問題1：敵クラスを作る

以下の読み下し文を読んで、敵クラスのプログラムを書いてください。
ヒント：Chara.javaが参考になります。

読み下し文

1	パブリック設定でEnemyという名前のクラスを作成せよ{
2	数値200を、プライベート設定かつint型で作成したメンバー変数powerに入れろ。
3	パブリック設定で、int型の戻り値があり、引数を受けとらないgetPowerという名前のメソッドを作成せよ
4	{　メンバー変数powerを呼び出し元に返せ。　}
	}

メンバー変数とゲッターだね。覚えてるかな？

---

static修飾子について

143ページで、エントリーポイントとなるmainメソッドの定義に、決まりがあると説明しました。

```
public static void main(String[] args){

}
```

publicはアクセス修飾子でどのクラスからも呼び出せることを表し、voidは引数がないことを表しています。残るstaticは何を表すかというと、インスタンス化されていなくても呼び出せることを表す修飾子です。static修飾子が付与されたメソッドは、静的メソッドやクラスメソッドと呼ばれます。System.out.printlnメソッドやInteger.parseIntメソッドなども静的メソッドに当たります。

問題2：以下のプログラムの問題点を探す

以下のプログラムには大きな問題があります。ふりがなを振り、プログラムの問題点を説明してください。

ヒント：Chap4_7_2.javaが参考になります。

■Chap4_10_1.java

```java
1  import java.util.ArrayList;
2  public class Chap4_10_1 {
3    public static void main(String[] args){
4      ArrayList<String> list = [折り返し]
         new ArrayList<String>();
5      list.add("国語");
6      list.add("理科");
7      list.add("社会");
8      list.remove(0);
9      System.out.println(list.get(2));
     }
   }
```

解答1

解答例は次のとおりです。

■ Enemy.java

```java
public class Enemy{
    private int power = 200;
    public int getPower(){
        return this.power;
    }
}
```

- 1行目: パブリック設定 / クラス作成 / Enemyという名前
- 2行目: プライベート設定 / int型 / 変数power / 入れろ / 数値200
- 3行目: パブリック設定 / int型 / getPowerという名前 / 引数なし
- 4行目: 呼び出し元に返せ / この / 変数power
- 5行目: ブロック終了
- 6行目: ブロック終了

解答2

要素数が3つのArrayList型の変数から、要素0を削除したあとに、要素2を取得しようとしています。削除したことにより要素数が2つとなった結果、範囲外へのアクセスでエラーとなります。範囲外のインデックスにならないように修正しましょう。

■ Chap4_10_1.java（抜粋）

```java
list.remove(0);
System.out.println(list.get(1));
```

- 8行目: 変数list / 削除しろ / 数値0
- 9行目: Systemクラス / 標準出力 / 表示しろ / 変数list / 取得しろ / 数値1

Chapter

Spring Bootで
Webアプリを
作ろう

Spring BootとWebアプリ

ここからはWebアプリに入門していくけど、HTTP（エッチティーティーピー）って知ってる？

HTTP？ HTMLとCSSなら触ったことあるんですけど……

よし、まずはそこから説明しよう

Webページも Webアプリも通信のしくみは同じ

「Webアプリ」とは、Webページの通信のしくみを利用して作られたアプリケーションプログラムです。この通信のしくみをHTTP（Hypertext Transfer Protocol）といいます。

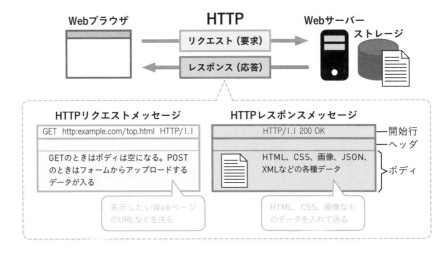

HTTPの基本ルールは、Webブラウザからリクエスト（要求）メッセージを送ると、Webサーバーがレスポンス（応答）メッセージを送るというものです。リクエストには表示したいWebページのURLなどが入ります。そしてレスポンスにはHTML、CSS、画像といったWebページを構成するデータが入ります。このような、シンプルながらさまざまなデータを送信できる柔軟性が、Webが広い分野に発展し、Webアプリを生み出した理由です。

静的ページと動的ページ

　Webページは大きく「静的ページ」と「動的ページ」に分けられます。静的ページは同じリクエストを受けたら同じ結果を返すページです。Webサーバーのストレージ（ハードディスクなどの記憶装置）に保存されたファイルを返すだけなので、ファイル自体が更新されない限り結果は常に同じになります。

静的ページ

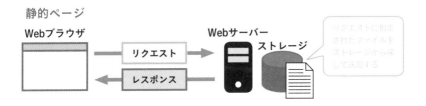

　動的ページは、リクエストを受けるたびにWebサーバーと連動するプログラムが、レスポンスを生成して送信します。ですからリクエストが同じでもレスポンスが同じとは限りません。例えば「今日の天気を知りたい」というリクエストを受けとったら、「晴れ」「雨」「くもり」といった異なるレスポンスを返します。要するに動的ページとはWebアプリのことです。

動的ページ

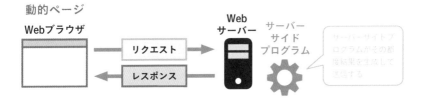

Spring Bootで、Webアプリを作る

Webアプリを作ろうとすると、リクエストがあったときにどう受けとり、どのように処理をするか……など膨大なプログラムを書く必要があります。そこで使われるのがフレームワークと呼ばれるプログラムの土台です。フレームワークにはよく使われるプログラムが用意されており、ルールにしたがって書くだけで本来難しいプログラムを書く部分も簡単に実現できます。Javaのフレームワークにはさまざまな種類がありますが、本書では「Spring Boot」というフレームワークを利用してWebアプリを作ります。

Spring Bootの特徴

- **複雑な設定が不要**
- **アノテーションによる連携**
- **Tomcat（Webサーバー）を内包しており、すぐに動作確認できる**

MVCモデルのフレームワーク

Spring BootでWebアプリを作るために使うSpring Web（Spring MVC）というフレームワークは、MVCモデルという設計パターンをベースに作られています。MVCは、モデル（Model）、ビュー（View）、コントローラー（Controller）の頭文字をとった名称です。モデルでデータの管理を担当、ビューは表示まわり（画面に表示するHTMLなど）を担当、コントローラーはビューとモデルを制御するいわば司令塔のような役割があります。

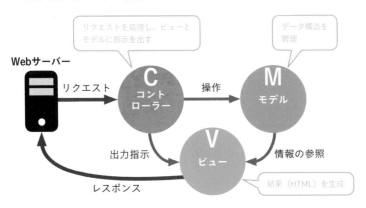

Spring Bootでは、アノテーションというしくみを使って、クライアントから
リクエストがあった際に呼び出されるメソッドのマッピングを行います。マッピ
ングとは関連付けをするということです。「input」にリクエストがきたらinput
メソッドを呼び出す、とマッピングするだけで、Spring Bootが処理を振り分け
てくれます。そして、呼び出されたメソッドがコントローラーとしてモデルやビ
ューに指示を出し、レスポンスを返します。

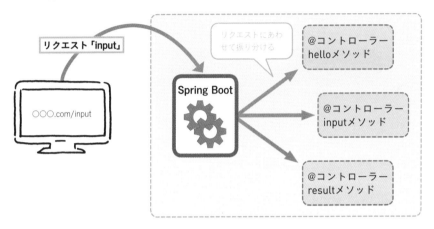

マッピングのしくみもゼロからプログラムを書こうとすると大変ですが、
Spring Bootが代わりに処理してくれます。プログラマーはデータ管理と表示内
容に気を配ればいいだけなので、コンテンツ作成に注力することができるのです。

Webアプリって複雑で大変なのかと思ってましたが、フ
レームワークがいろいろと助けてくれるんですね

フレームワークを活用すれば複雑な処理は肩代わりして
くれるから、Webアプリのコンテンツを作ることに集中
できるんだ

HTMLを書いてみよう

Spring BootのビューとしてHTMLのタグを書く必要があるんだけど、ちゃんと覚えてる？

うーん……あんまり自信ないですね

じゃあ復習も兼ねてHTMLの基本のタグを書いてみようか

タグの書き方を復習しよう

　HTMLでは文章の中に「タグ」を書き込むことで、その部分がどういう意味を持つのかを示します。「タグ」は半角の「<（小なり）」と「>（大なり）」で囲む形式になっており、内容を開始タグと終了タグで囲んだものと、開始タグだけで完結する単独タグ（空タグ）の2種類があります。

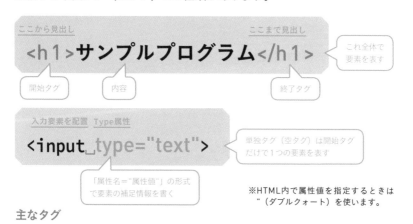

※HTML内で属性値を指定するときは" "（ダブルクォート）を使います。

主なタグ

タグ	表す意味	タグ	表す意味
h1〜h6	見出し（heading）タグ	input	フォームの入力部品を表すタグ
p	段落（paragraph）タグ	button	ボタンを表すタグ

htmlファイルを作成する

　試しに、htmlファイルを作って、いくつかタグも記述してみましょう。java ファイルと同様の手順で、htmlファイルを新規作成します。[src]ディレクトリ に「index.html」を作成しましょう。

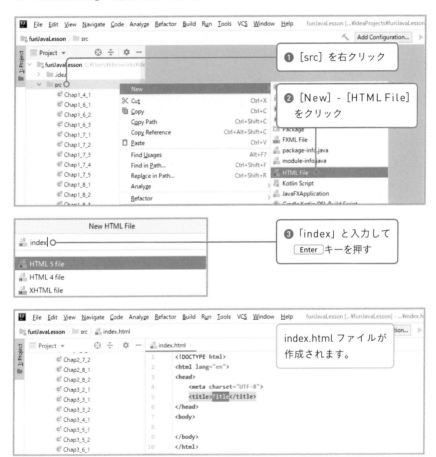

HTMLの基本形

　IntelliJでhtmlファイルを作成すると、次の内容があらかじめ記述されていま す。HTMLの基本形にもふりがなを振ってみましょう。とはいえ、ほとんどは「要 素の開始」と「要素の終了」を表しているだけです。読み下す意味もあまりない

ので、読み下し文は省きます。

■index.html

```
1   <!DOCTYPE html>
2   <html lang="en">
3     <head>
4       <meta charset="UTF-8"/>
5       <title>Title</title>
6     </head>
7     <body>
8
9     </body>
10  </html>
```

文章のタイプ宣言 / HTML (HTML 5 以降)
ここからhtml要素 / 利用言語は「en（英語）」
ここからhead要素
メタ要素 / 文字コードは「utf-8」
ここからページタイトル / ここまでページタイトル
ここまでhead要素
ここからbody要素 — このあとにWebページの内容を入力
ここまでbody要素
ここまでhtml要素

　最初の「!DOCTYPE」の部分はHTMLの種類を表しています。その次からが HTMLの本題です。タグが入れ子になっており、html要素の中にhead要素と body要素が入った構造になっています。head要素内には文字コードなどのWeb ページの情報を書き、Webページ上に表示したい内容はbody要素のタグの間に 書きます。

　それではHTMLのbody要素を次のように変更してください。

180

■index.html

ここからbody要素

7 **\<body\>**

ここから見出し1　　　　　　　　　　　ここまで見出し1

8 **\<h1\>サンプル\</h1\>**

ここから段落　　　　　ここまで段落

9 **\<p\>ハロー！\</p\>**

入力要素を配置　　　type属性は「text」　　　name属性は「comment」

10 **\<input␣type="text" name="comment"\>**

ここまでbody要素

11 **\</body\>**

Webブラウザで表示してみましょう。IntelliJ上で、htmlタグ部分にマウスポインタをあわせるとWebブラウザのアイコンが表示されます。インストールされているWebブラウザを選択してください。

選択したWebブラウザで、表示確認ができます。

inputタグはこのあとのWebアプリ作成でも使うから、覚えておいてね

Spring Bootの
プロジェクトを作る

Spring Bootのプロジェクトを作っていこうか

フレームワークを使うプロジェクトってどうやって作るんですか？

Spring Initializrっていうup Webアプリで簡単に作れるよ

Spring Initializrを利用したプロジェクトの作成

　Spring Bootのプロジェクトを作るには、Spring InitializrというWebアプリを利用します。Spring Initializrでは、必要な項目を選ぶだけで簡単にSpring Bootプロジェクトを作成することができます。

　このWebアプリでは作成するSpring Bootプロジェクトのプロジェクトのタイプ、言語、プロジェクト名、Javaのバージョン、追加ライブラリの設定ができます。本書では、以下の設定で進めます。

プロジェクト作成時の設定内容

- **Project：プロジェクトの形式。 初期状態で選択されている「Maven Project」のままにする**
- **Language：言語の種類。初期状態で選択されている「Java」のままにする**
- **Spring Boot：初期状態で選択されているバージョンのままにする。本書では「2.2.1」を使用**
- **Artifact：プロジェクト名やパッケージ名などに使われる文字列。本書では「demo」とする**
- **Dependencies：依存関係の設定として、Webアプリ作成に必要な「Thymeleaf」「Spring Web」というライブラリを追加する**

WebブラウザでSpring Initializr（https://start.spring.io）のWebアプリを表示して設定していきましょう。

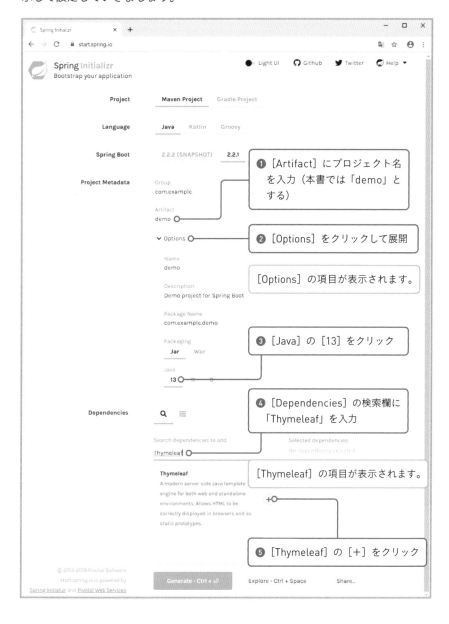

❶ ［Artifact］にプロジェクト名を入力（本書では「demo」とする）

❷ ［Options］をクリックして展開

［Options］の項目が表示されます。

❸ ［Java］の［13］をクリック

❹ ［Dependencies］の検索欄に「Thymeleaf」を入力

［Thymeleaf］の項目が表示されます。

❺ ［Thymeleaf］の［+］をクリック

Chap.

5

Spring Bootで
Webアプリを作ろう

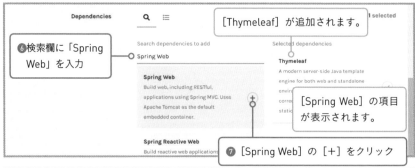

　[Generate]をクリックすると、プロジェクトファイルがダウンロードされます。プロジェクトフォルダはまとめておいたほうが管理しやすいので、ダウンロードしたプロジェクトのフォルダをfuriJavaLessonプロジェクトと同じフォルダにコピーします。

　IntelliJ上で作成したプロジェクトは、下記のフォルダに配置されています。

Windowsの場合

```
C:¥Users¥ユーザー名フォルダ¥IdeaProjects
```

macOSの場合

```
/ユーザ/ユーザー名フォルダ/IdeaProjects
```

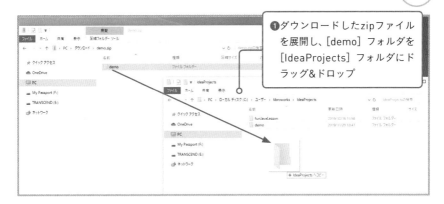

❶ダウンロードしたzipファイル
を展開し、[demo] フォルダを
[IdeaProjects] フォルダにド
ラッグ&ドロップ

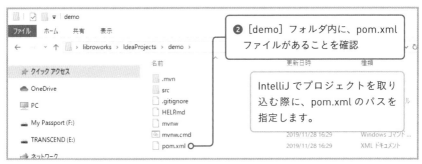

❷ [demo] フォルダ内に、pom.xml
ファイルがあることを確認

IntelliJ でプロジェクトを取り
込む際に、pom.xml のパスを
指定します。

　IntelliJでプロジェクトを取り込むために、IntelliJのトップ画面を表示します。
IntelliJのプロジェクト画面が表示されているときは、ツールバーの [File] -
[Close Project] をクリックしてプロジェクト画面を閉じると、トップ画面が表
示されます。

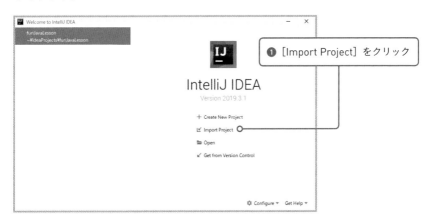

❶ [Import Project] をクリック

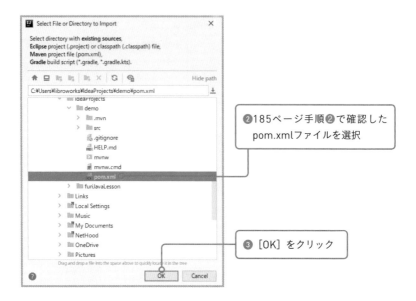

❷185ページ手順❷で確認した
pom.xmlファイルを選択

❸［OK］をクリック

　メイン画面が表示されて、追加ライブラリなどのダウンロードが始まり、プロジェクトが構築されます。Mavenツールウィンドウが表示された状態になっているので、プロジェクトビューを表示させましょう。

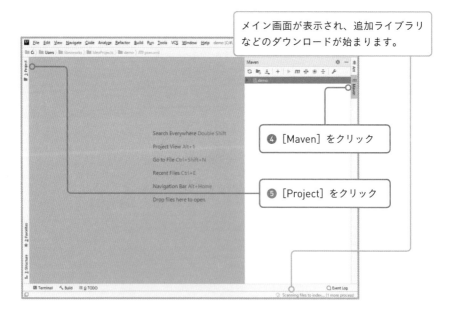

メイン画面が表示され、追加ライブラリ
などのダウンロードが始まります。

❹［Maven］をクリック

❺［Project］をクリック

Maven ツールウィンドウ
が非表示、プロジェクト
ビューが表示された状態
になります。

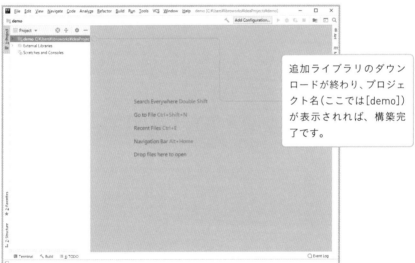

追加ライブラリのダウン
ロードが終わり、プロジェ
クト名(ここでは[demo])
が表示されれば、構築完
了です。

これでSpring Bootプロジェクトの準備は完了だよ

確かに複雑な設定はなかったので簡単でしたね！

Spring Bootプロジェクト

取り込んだプロジェクトですけど、ディレクトリがいろ
いろありますね

まずは［src］ディレクトリの中身を確認してみようか

demoプロジェクトの構成

furiJavaLessonプロジェクトを作ったときは、［src］ディレクトリの中身は空
でしたが、Spring Boot Initializrで作成したdemoプロジェクトには、あらかじ
めディレクトリやjavaファイルが追加されています。

demoプロジェクト［src］ディレクトリの構成

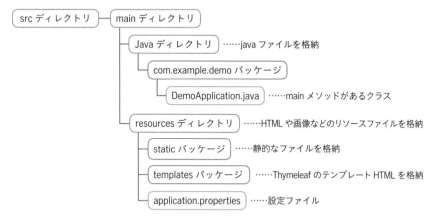

図内のパッケージ（package）は、クラスなどを1つのグループとして扱うし
くみです。たくさんクラスを作る場合、クラス名の重複に注意する必要がありま
すが、パッケージを分けることで同名のクラスを作ることができます。また、パ
ッケージを分けることで、関連するクラスがわかりやすくなります。ここで注目
してほしいのが、「DemoApplication.java」ファイルです。

■ DemoApplication.java

```java
package com.example.demo;



インポート文省略

インポート文省略


@SpringBootApplication
public class DemoApplication{

    public static void main(String[] args){
        SpringApplication.
            run(DemoApplication.class, args);
    }

}
```

1 `package` パッケージ `com.example.demo`

3 インポート文省略

4 インポート文省略

6 @SpringBootApplication アノテーション
`@SpringBootApplication`

7 パブリック設定 クラス作成 DemoApplicationという名前
`public class DemoApplication{`

9 パブリック設定 静的 戻り値なし mainという名前 String[]型 引数args
`public static void main(String[] args){`

10 SpringApplicationクラス
`SpringApplication.` 折り返し

実行 DemoApplication クラス 引数args
`run(DemoApplication.class, args);`

ブロック終了
`}`

ブロック終了
`}`

DemoApplication.javaには、あらかじめmainメソッドが記述されており、実行することでSpring Bootを使ったアプリ（以降Spring Bootアプリ）として動きます。

読み下し文

1	このクラスは、com.example.demoパッケージに属す。
2	
3	インポート文省略
4	インポート文省略
5	
6	@SpringBootApplicationアノテーションを以下に付与せよ
7	パブリック設定でDemoApplicationという名前のクラスを作成せよ{
8	
9	パブリック設定かつ静的で、戻り値がなく、String[]型の引数argsを受けとるmainという名前のメソッドを作成せよ
10	{　DemoApplicationクラスと引数argsを指定して、SpringApplicationを実行せよ。　}
	}

アノテーションとは

Spring Bootに欠かせないのが、アノテーションと呼ばれる、補足情報を注釈（annotation）するための記述方法です。Spring Bootの各種クラスと連動させるために使用します。

```
C FDat.java ×    C DemoApplication.java ×
1      package com.example.demo;
2
3    ┌ import org.springframework.boot.SpringApplication;
4    └ import org.springframework.boot.autoconfigure.SpringBootApplication;
5
6      @SpringBootApplication ○────────────────────  アノテーション
7  ▶   public class DemoApplication {
```

　アノテーションは「@（アット）」で始まり、クラスやメソッド、メンバー変数、引数などを作る直前に記述します。Java側が元々定義しているアノテーション以外にもフレームワークが独自に定義しているものがあります。また、開発者が独自にアノテーションを定義することも可能です。

　@SpringBootApplicationアノテーションは、Spring Bootが定義したアノテーションです。@SpringBootApplicationアノテーションをmainメソッドのあるクラスに付与することで、Spring Bootアプリとして実行できる状態になります。そして、mainメソッドに記述された「SpringApplication.run (DemoApplication.class, args);」が実行されることで、Spring Bootアプリが実行されます。

> このあとは、DemoApplicationクラスを書き替えていくわけですね！

> いやいや！　このクラスはプログラムの追加とかはせず、このままだよ

　DemoApplicationクラスのmainメソッドを実行してSpring Bootアプリを実行しますが、本書ではこのクラスの書き替えはしません。別のクラスやhtmlファイルなどを追加し、そこに処理を書いていきます。実際に簡単なWebアプリを作って、確認してみましょう。

プロジェクトのパスを確認する方法

IntelliJのウェルカム画面で、プロジェクトを選択して右クリックするとサブメニューが表示されます。[Copy Path] をクリックすると、対象のプロジェクトのパスをコピーできます。

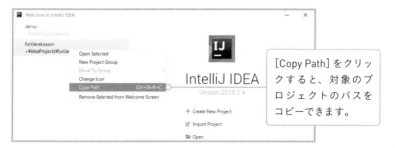

[Copy Path] をクリックすると、対象のプロジェクトのパスをコピーできます。

Webブラウザに Hello World!を表示する

 Spring Bootプロジェクトのmainメソッドを確認したし、実際に簡単なWebアプリを作ってみよう

本当に簡単なんですか？

 Spring Bootはアノテーションってしくみで、プログラムの記述が少なく済むようになってるんだ

お試しWebアプリを作る

Spring Bootアプリは、アノテーションを付与することで内部的に連動されるため、インスタンス化しなくてもプログラムが実行されます。試しに「Hello World!」と表示するだけの簡単なWebアプリを作りましょう。

HelloController.javaとtmp_hello.htmlファイルを作ります。HelloController クラスには@Controllerアノテーションを付与し、HelloControllerクラスの helloメソッドには@GetMapping("/hello")アノテーションを付与します。 Spring Bootアプリの実行中にhelloへのリクエストがくると、HelloControllerク ラスに記述したhelloメソッドを呼び出すようにします。HelloControllerクラス をインスタンス化しなくてもアノテーションを付与することで、リクエストがあ ったときに呼び出される状態となります。呼び出されたhelloメソッドは、レスポ ンスとして返してほしいhtmlファイルの名前を戻り値として返します。

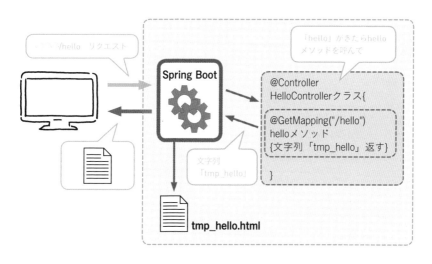

Javaは機能ごとにパッケージに分けることが望ましいとされています。com. example.demoパッケージに、controllerパッケージを作成して、その中に HelloController.javaを作成しましょう。パッケージの作り方は、ディレクトリ を作る手順と似た流れです。

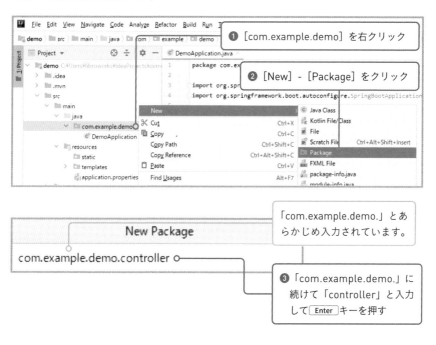

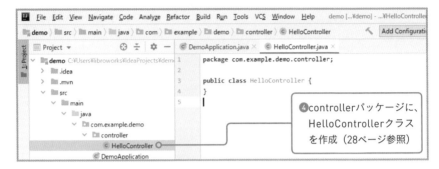

パッケージの中にJavaクラスを新規作成したときは、あらかじめ1行目にどのパッケージに属しているかが記述されます。

それでは実際に、HelloControllerクラスに下記のプログラムを書いていきます。

■ HelloController.java

```
1   package com.example.demo.controller;
            パッケージ        com.example.demo.controller

2

3   import org.springframework. 折り返し
            取り込め            org.springframework.
        stereotype.Controller;
            stereotypeパッケージ   Controllerクラス

4   import org.springframework. 折り返し
            取り込め            org.springframework.
        web.bind.annotation.GetMapping;
            web.bind.annotationパッケージ      GetMappingクラス

5

6   @Controller
        @Controllerアノテーション

7   public class HelloController {
        パブリック設定  クラス作成  HelloControllerという名前
```

```
       @GetMappingアノテーション    文字列「/hello」
 8     @GetMapping("/hello")

       パブリック設定      String型   helloという名前 引数なし
 9     public String hello() {

                呼び出し元に返せ      文字列「tmp_hello」
10         return "tmp_hello";

       ブロック終了
       }

   ブロック終了
   }
```

HelloControllerクラスには、@Controllerアノテーションを付与します。アノテーションは、それぞれ該当のクラスをインポートする必要がありますが、すべてを手入力する必要はありません。IntelliJのコード補完機能を利用しましょう。

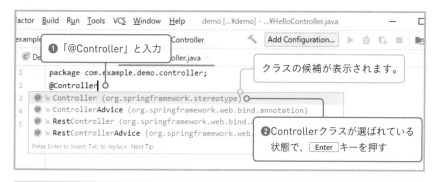

❶「@Controller」と入力

クラスの候補が表示されます。

❷Controllerクラスが選ばれている状態で、Enterキーを押す

org.springframework.stereotype.Controllerクラスがインポートされます。

このあともアノテーションの入力が必要な場面があるので、都度手入力するのではなく、IntelliJのコード補完機能を利用しながら進めてください。

アノテーションにはパラメーター（値）を渡すこともできます。HelloControllerクラス内のhelloメソッドには、文字列「/hello」を指定した@GetMappingアノテーションを付与します。

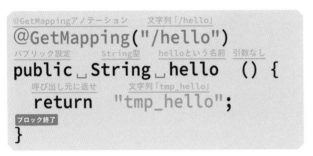

文字列「/hello」を指定して@GetMappingアノテーションを以下に付与せよ
パブリック設定で、String型の戻り値があり、引数を受けとらないhelloという名前のメソッドを作成せよ
{ 文字列「tmp_hello」を呼び出し元に返せ。}

渡せるパラメーターはアノテーションごとに異なり、複数のパラメーターが必要なアノテーションもあります。「@GetMapping("/hello")」をhelloメソッドに付与することで、「hello」にリクエストがあったときにhelloメソッドが呼び出されます。

「hello」にリクエストがあったときに、「tmp_index_sp.html」を返したい場合はどうすればいいんですか？

リクエストで呼ばれたメソッドの戻り値で、「tmp_index_sp」を返せばいいんだよ

読み下し文

1 このクラスは、com.example.demo.controllerパッケージに属す。

2

3 org.springframework.stereotypeパッケージのControllerクラスを取り込め。

4 org.springframework.web.bind.annotationパッケージのGetMappingクラスを
取り込め。

5

6 @Controllerアノテーションを以下に付与せよ

7 パブリック設定でHelloControllerという名前のクラスを作成せよ{

8 　文字列「/hello」を指定して@GetMappingアノテーションを以下に付与せよ

9 　パブリック設定で、String型の戻り値があり、引数を受けとらないhelloという
　名前のメソッドを作成せよ

10 　{　文字列「tmp_hello」を呼び出し元に返せ。　}

　}

最後に、tmp_hello.htmlを用意しましょう。resourcesディレクトリ内の
templatesパッケージにtmp_hello.htmlを新規作成してください。

■tmp_hello.html

1 `<!DOCTYPE html>`

2 `<html lang="en">`

3 `<head>`

4 　`<meta charset="UTF-8"/>`

5 　`<title>Title</title>`

6 `</head>`

7 `<body>`

8 `<p>Hello World!</p>` ──────── 入力する

9 `</body>`

10 `</html>`

それでは実行してみましょう。Chapter 4までのプログラムと同様に、Demo Applicationクラスのmainメソッドの行に表示される［▶］から［Run 'Demo Application.main()'］を選択してください。

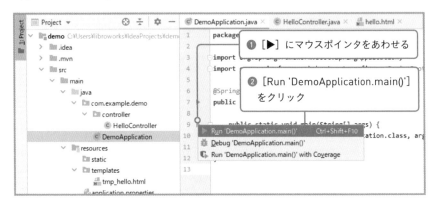

実行すると、コンソールにSpring Bootアプリの起動ログが出力されます。「Started DemoApplication」のログが表示されたあと、ログの出力が止まれば、Spring Bootアプリの実行は成功です。Webブラウザを表示して、アドレスバーに「http://localhost:8080/hello」と入力してください。localhost（ローカルホスト）は「このコンピュータ自体」を意味しています。8080はポート番号を表し、実行するWebアプリと通信するための経路を指定します。

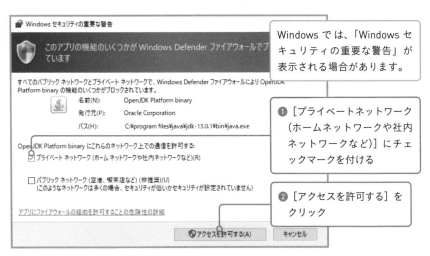

```
Run:    DemoApplication ×
        "C:\Program Files\Java\jdk-13.0.2\bin\java.exe" ...

         .   ____          _            __ _ _
        /\\ / ___'_ __ _ _(_)_ __  __ _ \ \ \ \
       ( ( )\___ | '_ | '_| | '_ \/ _` | \ \ \ \
        \\/  ___)| |_)| | | | | || (_| |  ) ) ) )
         '  |____| .__|_| |_|_| |_\__, | / / / /
        =========|_|==============|___/=/_/_/_/
        :: Spring Boot ::        (v2.2.1.RELEASE)

        2019-11-28 17:17:10.533  INFO 14408 --- [           main] com.example.demo.DemoApplication         : Starting DemoApplication on DE
        2019-11-28 17:17:10.533  INFO 14408 --- [           main] com.example.demo.DemoApplication         : No active profile set, falling
        2019-11-28 17:17:11.627  INFO 14408 --- [           main] o.s.b.w.embedded.tomcat.TomcatWebServer  : Tomcat initialized with port(s
        2019-11-28 17:17:11.643  INFO 14408 --- [           main] o.apache.catalina.core.StandardService   : Starting service [Tomcat]
        2019-11-28 17:17:11.643  INFO 14408 --- [           main] org.apache.catalina.core.StandardEngine  : Starting Servlet engine: [Apac
        2019-11-28 17:17:11.705  INFO 14408 --- [           main] o.a.c.c.C.[Tomcat].[localhost].[/]       : Initializing Spring embedded W
        2019-11-28 17:17:11.705  INFO 14408 --- [           main] o.s.web.context.ContextLoader            : Root WebApplicationContext: in
        2019-11-28 17:17:11.830  INFO 14408 --- [           main] o.s.s.concurrent.ThreadPoolTaskExecutor  : Initializing ExecutorService '
        2019-11-28 17:17:11.924  WARN 14408 --- [           main] ion$DefaultTemplateResolverConfiguration : Cannot find template location:
        2019-11-28 17:17:12.049  INFO 14408 --- [           main] o.s.b.w.embedded.tomcat.TomcatWebServer  : Tomcat started on port(s): 808
        2019-11-28 17:17:12.065  INFO 14408 --- [           main] com.example.demo.DemoApplication         : Started DemoApplication in 1.8
```

「Started DemoApplication」の表示でログの出力が止まれば、実行は成功です。

```
🌐 Title                    ×   +

←  →  C   ⓘ localhost:8080/hello

Hello World!
```

❸Webブラウザを表示してアドレスバーに「http://localhost:8080/hello」と入力して Enter キーを押す

　HelloControllerクラスをインスタンス化する処理などを書いていないのに、tmp_hello.htmlの内容がWebブラウザに表示されます。またSpring Bootアプリは自動的には停止しないため、動作確認のあとは必ず［■］をクリックして、停止してください。

```
Run:    DemoApplication ×
        2019-12-16 20:27:55.959  INFO 99272 --- [           main] org.apache.catalina.core.StandardEngine  : Starting S
        2019-12-16 20:27:56.034  INFO 99272 --- [           main] o.a.c.c.C.[Tomcat].[localhost].[/]       : Initializi
        2019-12-16 20:27:56.034  INFO 99272 --- [           main] o.s.web.context.ContextLoader            : Root WebAp
        2019-12-16 20:27:56.173  INFO 99272 --- [           main] o.s.s.c                                   :i
        2019-12-16 20:27:56.435  INFO 99272 --- [           main] o.s.b.w                                   ta
        2019-12-16 20:27:56.438  INFO 99272 --- [           main] com.exa                                   De
        2019-12-16 20:28:34.880  INFO 99272 --- [nio-8080-exec-1] o.s.web                                   :i
        2019-12-16 20:28:34.881  INFO 99272 --- [nio-8080-exec-1] o.s.web                                   :i
        2019-12-16 20:28:34.887  INFO 99272 --- [nio-8080-exec-1] o.s.web

        Process finished with exit code -1
```

「Proccess finished with exit code -1」が表示されると正常に停止できています。

❹ ［■］をクリックして実行しているアプリを停止

Spring Bootアプリを実行した場合は、必ず［■］をクリックして停止するのを忘れないこと！

Web電卓を設計する

Spring Bootの力を活かしてWeb電卓を作ってみよう

いきなり本格的ですね。難しくないですか？

細かいことはSpring Bootがやってくれるから大丈夫だよ

Web電卓アプリの全体像を考える

今回作成するのは、Webブラウザで入力した数値を計算してくれるWeb電卓です。

計算したい値と演算子を入力するためのページと結果を表示するページを作ります。

Web電卓におけるMVC

MVCにのっとった構成を考えてみましょう。モデルとしてデータを管理するFDatクラスを作り、入力された数値や演算子と計算結果を保持します。ビューとして入力画面を表示するtmp_input.htmlと、計算結果を表示するtmp_result.htmlを用意します。そして、それらに指示を出すCalculateControllerクラスという構成です。

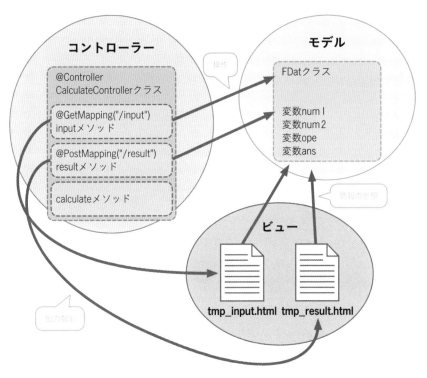

HelloControllerクラスと同様に、CalculateControllerクラスに@Controllerアノテーションを付与します。CalculateControllerクラスは、Spring Bootで連携したクラスから呼び出され、リクエストごとに使うデータやビューを指示します。

javaファイル×2、htmlファイル×2で、合計4つのプログラムを作っていきます。1つずつ順番に進めましょう。

Web電卓のモデルを作る

データを管理するモデル部分は重要だけど、Web電卓ではデータの出し入れをするだけなんだ

データの出し入れ……ってどうすればいいんでしょう？

Chapter 4で使ったゲッターとセッターを使うんだ

モデルでデータを管理する

プログラムで重要なのはデータの取り扱いといっても過言ではありません。一番はじめに、データの名前や種類を決めておくと、以降の作業も進めやすくなります。Web電卓アプリ作成の第一歩として、モデルを担当するFDatクラスを作りましょう。Web電卓アプリでは、4つのメンバー変数が必要になります。

```
private int num1 = 0;          計算式の左辺の数値
private int num2 = 0;          計算式の右辺の数値
private String ope = "";       演算子を入れる文字列
private double ans = 0;        計算式の答えの数値
```

計算式の左辺と右辺の値を入れるためのint型の2つの変数と、計算式の演算子を入れるためのString型の変数、計算結果を入れるためのdouble型の変数の4つです。これらのメンバー変数は、アクセス修飾子に「private」を付け、外部クラスから値の更新と取得ができるように、ゲッターとセッターを作りましょう。

193ページを参考に、com.example.demoパッケージの中に、modelパッケージを作成してください。作成したmodelパッケージの中に、FDatクラスを新規作成します。

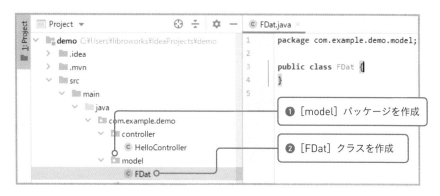

1 [model] パッケージを作成

2 [FDat] クラスを作成

　　まずは、FDatクラスのブロックの中に、メンバー変数を4つ作成して、メンバー変数num1のゲッターとセッターを作ります。

■ FDat.java

```
1  package com.example.demo.model;

2

3  public class FDat {

4      private int num1 = 0;

5      private int num2 = 0;

6      private String ope = "";

7      private double ans = 0;

8      public int getNum1(){

9          return this.num1;
```

```
        }

        パブリック設定   戻り値なし setNum1という名前   int型   引数num1
10      public void setNum1(int num1){

                この        変数num1  入れろ 引数num1
11          this.num1 = num1;

        ブロック終了
        }

    ブロック終了
    }
```

読み下し文

1　com.example.demo.modelパッケージに属す。

2

3　パブリック設定で、FDatという名前のクラスを作成せよ{

4　数値0を、プライベート設定かつint型で作成したメンバー変数num1に入れろ。

5　数値0を、プライベート設定かつint型で作成したメンバー変数num2に入れろ。

6　文字列「」を、プライベート設定かつString型で作成したメンバー変数opeに入れろ。

7　数値0を、プライベート設定かつdouble型で作成したメンバー変数ansに入れろ。

8　パブリック設定で、int型の戻り値があり、引数を受けとらないgetNum1という名前のメソッドを作成せよ

9　{　メンバー変数num1を呼び出し元に返せ。　}

10　パブリック設定で、戻り値がなく、int型の引数num1を受けとるsetNum1という名前のメソッドを作成せよ

11　{　引数num1をメンバー変数num1に入れろ。　}

　　}

続いて、左ページのプログラムのsetNum1メソッドのあとに、メンバー変数「num2」「ope」「ans」のゲッターとセッターを記述します。getNum1メソッドとsetNum1メソッドと型や変数名が異なるだけなので、ふりがなと読み下し文は省略します。

■FDat.java（メンバー変数num2、ope、ansのゲッターとセッター）

```java
12    public int getNum2(){
13        return this.num2;
      }
14    public void setNum2(int num2){
15        this.num2 = num2;
      }
16    public String getOpe(){
17        return this.ope;
      }
18    public void setOpe(String ope){
19        this.ope = ope;
      }
20    public double getAns(){
21        return this.ans;
      }
22    public void setAns(double ans){
23        this.ans = ans;
      }
```

これでモデル部分は完了だよ！

Web電卓のビューを作る

MときたらV。次はビューに当たるHTMLを作ろう

そういえば……数値の受け渡しはどうするんでしょう？

そこはテンプレートエンジンに頼ろう

テンプレートエンジンとは

　続いて、表示部分（ビュー）のHTMLを作るために、Thymeleaf（タイムリーフ）というテンプレートエンジンを利用します。テンプレートエンジンは、テンプレート（雛形）とデータ（モデル）を合成して、1つのドキュメントを作るしくみです。Thymeleafは、HTMLのテンプレートとデータを合成し、結果のHTMLを出力します。Spring Bootの雛形プロジェクト作成時に、Thymeleafライブラリをプロジェクトに含めるように設定しています（182ページ参照）。

❶テンプレートのHTMLとデータを用意

❷テンプレートエンジンが合成する

❸合成結果が得られる

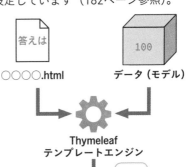

Thymeleafのテンプレートとして使うために、htmlファイルをresourcesディレクトリのtemplatesパッケージに入れてください。また、htmlタグの中に、「xmlns:th="http://www.thymeleaf.org"」を記述する必要があります。

```
<html␣xmlns:th="http://www.thymeleaf.org">
```

そうすることで、「th:○○」という形式の属性をhtmlタグに追加できます。

入力画面のHTML

Web電卓で計算したい2つの値と演算子を入力するページのテンプレートとして「tmp_input.html」を作成します。templatesパッケージに、tmp_input.htmlを新規作成して追加しましょう。

2行目のhtmlタグに、「xmlns:th="http://www.thymeleaf.org"」を追記してください。それ以外は、通常のhtmlタグなので、ふりがなと読み下し文は省略します。

■ tmp_input.html

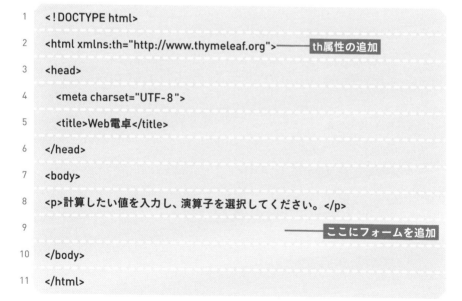

```
1  <!DOCTYPE html>
2  <html xmlns:th="http://www.thymeleaf.org">────th属性の追加
3  <head>
4    <meta charset="UTF-8">
5    <title>Web電卓</title>
6  </head>
7  <body>
8  <p>計算したい値を入力し、演算子を選択してください。</p>
9                              ───────ここにフォームを追加
10 </body>
11 </html>
```

pタグに続いて、body要素内に数値や演算子の入力フォームを記述します。

■ tmp_input.html

```
9    <form th:action="@{/result}"  折り返し
        th:object="${fdat}" method="post">

10     <input type="number"  折り返し
            th:field="*{num1}" />

11     <select th:field="*{ope}">

12         <option value="+">+</option>

13         <option value="-">-</option>

14         <option value="×">×</option>

15         <option value="÷">÷</option>

16     </select>

17     <input type="number"  折り返し
            th:field="*{num2}" />

18     <input type="submit"value="計算"/>

19    </form>
```

「th:object」と「th:field」で値を入れる場所を指定しています。計算ボタン

を押すと、「result」へリクエストを送ります。演算子は誤入力を防ぐためにプルダウンメニューで、「+」「-」「×」「÷」から選択する形にし、左右に計算したい数値の入力ボックスを設置します。

　th:object属性に指定している「fdat」はFDatクラスを指しているのですが、この識別用の名前「fdat」はコントローラー内のメソッドで指定します（213ページ参照）。コントローラーとビューで、一致していなければいけません。

　th:field属性に指定しているのは、FDatクラスのメンバー変数の名前です。これらの指定により、計算ボタンを押したとき送る「result」へのリクエストで、入力した数値や演算子が送信できるようになります。

読み下し文

9　th:action属性は「/result」、th:object属性は「fdat」、method属性は「post」でフォームを設置

10　type属性は「number」、th:field属性は「num1」で入力ボックスを表示

11　th:field属性は「ope」でプルダウンメニューを表示

12　プルダウンメニューの選択肢にvalue属性は「+」の文字列「+」を表示

13　プルダウンメニューの選択肢にvalue属性は「-」の文字列「-」を表示

14　プルダウンメニューの選択肢にvalue属性は「×」の文字列「×」を表示

15　プルダウンメニューの選択肢にvalue属性は「÷」の文字列「÷」を表示

16　ここまでプルダウンメニュー

17　type属性は「number」、th:field属性は「num2」で入力ボックスを表示

18　type属性は「submit」、value属性は「計算」でボタンを表示

19　ここまでフォーム

計算式の入力画面の準備はこれでOKだよ。次に、結果表示用の画面を準備しよう

結果表示画面のHTML

　入力画面に続いて計算結果表示ページのテンプレートとして「tmp_result.html」を作成します。templatesパッケージに、tmp_result.htmlを新規作成して追加してください。

■ tmp_result.html

```
1   <!DOCTYPE html>
2   <html xmlns:th="http://www.thymeleaf.org">  ──── 忘れずに入力する
3   <head>
4     <meta charset="UTF-8">
5     <title>Web電卓</title>
6   </head>
7   <body>
8     <h2>計算結果</h2>
9   </body>
10  </html>
```

h1タグに続いて、body要素に入力された数値と選択された演算子の計算結果
を表示します。

■ tmp_result.html

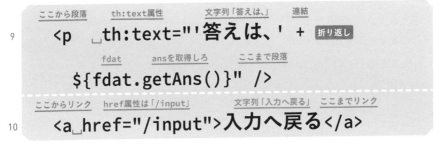

「${fdat.getAns()}」は、fdatからgetAnsメソッドを呼び出すということを意
味しています。

「fdat」という名前（識別子）は、CalculateControllerクラスのresultメソ
ッドで指定します（214ページ参照）。

読み下し文

9	文字列「答えは、」とfdatからansを取得した結果を連結して段落として表示
10	文字列「入力へ戻る」に「/input」へのリンクを設定し表示

Web電卓のコントローラーを作る

ここまでで、Web電卓アプリの完成度70%ってところかな

ようやく終わりが見えてきましたね……！

残りはコントローラー部分を書けば完成だよ。あと少し一緒に頑張ろう！

Web電卓の要、コントローラー

それでは最後に、コントローラーを担うCalculateControllerクラスを作っていきます。CalculateControllerクラスには、3つのメソッドを用意します。入力ページのリクエストがきたときに呼ばれるinputメソッド、計算結果表示ページのリクエストがきたときに呼ばれるresultメソッド、そして計算処理を行うcalculateメソッドです。

```java
@Controller
public class CalculateController(){
  @GetMapping("/input")
  public String input( Model ){
  }

  @PostMapping("/result")
  public String result( FDat , Model ){
  }

  private void calculate( FDat ){
  }
}
```

フォームに入力した値が渡される

Spring Boot

inputメソッドとresultメソッドは、リクエストがあったときにSpring Bootから呼び出され、引数を受けとるModel型引数にテンプレートのHTMLと合成するデータを指定します。

Chap.

5

Spring Bootで
Webアプリを作ろう

CalculateControllerクラスを作る

それでは、controllerパッケージに、CalculateControllerクラスを作成してください。プログラムを入力する途中で、195ページの補完機能を利用して、import文を入力しましょう。CalculateControllerクラスに必要なimport文は215ページにまとめているので参考にしてください。

■ CalculateController.java

```
1  package com.example.demo.controller;
2
3  インポート文省略
4
5  @Controller
6  public class CalculateController{
   }
```

読み下し文

1　このクラスは、com.example.demo.controllerパッケージに属す。

2

3　インポート文省略

4

5　@Controllerアノテーションを以下に付与せよ

6　パブリック設定でCalculateControllerという名前のクラスを作成せよ{ }

CalculateControllerクラスのブロック内にinputメソッドとresultメソッドを追加します。これらのメソッドは、それぞれ「input」「result」というリクエストがあったときに、呼び出されます。

■CalculateController.java（inputメソッド）

```
public class CalculateController{
```
パブリック設定　クラス作成　　　CalculateControllerという名前

```
@GetMapping("/input")
```
@GetMappingアノテーション　文字列「/input」

```
public String input(Model model){
```
パブリック設定　String型　inputという名前　Model型　引数model

```
    model.addAttribute("fdat", new FDat());
```
引数model　　属性を追加しろ　　文字列「fdat」　新規作成　FDatクラス

```
    return "tmp_input";
```
呼び出し元に返せ　文字列「tmp_input」

```
}
```
ブロック終了

inputメソッドでは、フォームに入力したデータを「何に記憶しておくか」を指定する必要があります。そのために使われるのが、Model型引数を受けとるaddAttributeメソッドです。Web電卓でモデルに使用するのはFDatクラスなのでそのインスタンスを作成します。また、このインスタンスを「fdat」という名前で表すことにし、両者をaddAttributeメソッドの引数に指定します。

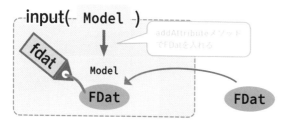

208ページではtmp_input.htmlのth:object属性に「fdat」という値を指定していました。そのため、FDatクラスのインスタンスにフォームの値が入ります。

フォームの計算ボタンがクリックされると、resultへのリクエストが送られます。それを処理するresultメソッドをinputメソッドの後に追加します。

■ CalculateController.java（resultメソッド）

```
16  @PostMapping("/result")
17  public String result(
        @ModelAttribute FDat fdat, Model model){
18      calculate(fdat);
19      model.addAttribute("fdat", fdat);
20      return "tmp_result";
    }
```

16行目のコメント：
- @PostMappingアノテーション
- 文字列「/result」

17行目のコメント：
- パブリック設定
- String型
- reusltという名前
- 折り返し
- @ModelAttributeアノテーション
- FDat型
- 引数fdat
- Model型
- 引数model

18行目のコメント：
- 計算せよ
- 引数fdat

19行目のコメント：
- 引数model
- 属性を追加しろ
- 文字列「fdat」
- 引数fdat

20行目のコメント：
- 呼び出し元に返せ
- 文字列「tmp_result」
- ブロック終了

　resultメソッドではフォームの入力値をもとに計算し、その結果を表示しなければいけません。入力値を受けとるには、@ModelAttributeアノテーションを付けた引数を使用します。今回はFDat型の引数fdatを用意しています。

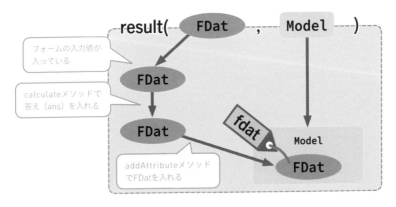

calculateメソッドで計算を行うと、FDatクラスのメンバー変数ansに計算結果が入ります。これをビューに渡すために、またaddAttributeメソッドを使用します。

読み下し文

12	文字列「/input」を指定して@GetMappingアノテーションを以下に付与せよ
13	パブリック設定で、String型の戻り値があり、Model型の引数modelを受けとるinputという名前のメソッドを作成せよ
14	{　文字列「fdat」と、新規作成したFDatクラスのインスタンスを指定して、引数modelに属性を追加しろ。
15	文字列「input」を呼び出し元に返せ。　}
16	文字列「/result」を指定して@PostMappingアノテーションを以下に付与せよ
17	パブリック設定で、String型の戻り値があり、@ModelAttributeアノテーションを付与したFDat型の引数fdatとModel型の引数modelを引数として受けとるresultという名前のメソッドを作成せよ
18	{　引数fdatを指定して、計算しろ。
19	文字列「fdat」と引数fdatを指定して、引数modelに属性を追加しろ。
20	文字列「tmp_result」を呼び出し元に返せ。　}

ここまでプログラムを入力すると、3〜8行目のimport文は、次のような状態になります。

■ CalculateController.java（import文）

```
3  import com.example.demo.model.FDat;

4  import org.springframework.stereotype.Controller;

5  import org.springframework.ui.Model;

6  import org.springframework.web.bind.annotation.GetMapping;

7  import org.springframework.web.bind.annotation.ModelAttribute;

8  import org.springframework.web.bind.annotation.PostMapping;
```

Chap.

5

Spring Bootで
Webアプリを作ろう

最後に、calculateメソッドを作ります。引数fdatに入っている値をもとに計算して、引数fdatに計算結果を入れるだけです。

■ CalculateController.java（calculateメソッド）

```
21  private void calculate(FDat fdat){
22      double ans = 0;
23      int num1 = fdat.getNum1();
24      int num2 = fdat.getNum2();
25      String ope = fdat.getOpe();
26      if(ope.equals("+")){
27          ans = num1 + num2;
28      }else if(ope.equals("-")){
29          ans = num1 - num2;
30      }else if(ope.equals("×")){
31          ans = num1 * num2;
32      }else if(ope.equals("÷")){
33          ans = num1 / num2;
```

ブロック終了

```
}
```

引数fdat　　ansに入れろ　　変数ans

34
```
fdat.setAns(ans);
```

ブロック終了

```
}
```

　calculateメソッドは、CalculateControllerクラス内だけで使うのでアクセス修飾子は「private」にします。

読み下し文

21	プライベート設定で、戻り値がなく、FDat型の引数fdatを受けとるcalculateという名前のメソッドを作成せよ
22	{ 数値0を、double型で作成した変数ansに入れろ。
23	引数fdatからnum1を取得した結果を、int型で作成した変数num1に入れろ。
24	引数fdatからnum2を取得した結果を、int型で作成した変数num2に入れろ。
25	引数fdatからopeを取得した結果を、String型で作成した変数opeに入れろ。
26	もしも「変数opeの値と文字列「+」が同じ」が真なら以下を実行せよ
27	{ 変数num1に変数num2を足した結果を変数ansに入れろ。 }
28	そうではなくもしも「変数opeの値と文字列「-」が同じ」が真なら以下を実行せよ
29	{ 変数num1から変数num2を引いた結果を変数ansに入れろ。 }
30	そうではなくもしも「変数opeの値と文字列「×」が同じ」が真なら以下を実行せよ
31	{ 変数num1に変数num2を掛けた結果を変数ansに入れろ。 }
32	そうではなくもしも「変数opeの値と文字列「÷」が同じ」が真なら以下を実行せよ
33	{ 変数num1を変数num2で割った結果を変数ansに入れろ。 }
34	変数ansを渡して引数fdatのansに入れろ。 }

入力内容を確認して、プログラムを実行する

CalculateController.javaは少し長いプログラムなので、入力したプログラム
を確認してみましょう。ここまで入力したプログラムにあわせて、必要なクラス
をインポートしていれば、次のような状態になっているはずです。

■ CalculateController.java

```java
1   package com.example.demo.controller;
2
3   import com.example.demo.model.FDat;
4   import org.springframework.stereotype.Controller;
5   import org.springframework.ui.Model;
6   import org.springframework.web.bind.annotation.GetMapping;
7   import org.springframework.web.bind.annotation.ModelAttribute;
8   import org.springframework.web.bind.annotation.PostMapping;
9
10  @Controller
11  public class CalculateController{
12    @GetMapping("/input")
13    public String input(Model model){
14      model.addAttribute("fdat", new FDat());
15      return "tmp_input";
    }
16    @PostMapping("/result")
17    public String result(@ModelAttribute FDat fdat, Model model){
18      calculate(fdat);
19      model.addAttribute("fdat", fdat);
20      return "tmp_result";
    }
```

```
21    private void calculate(FDat fdat){
22      double ans = 0;
23      int num1 = fdat.getNum1();
24      int num2 = fdat.getNum2();
25      String ope = fdat.getOpe();
26      if(ope.equals("+")){
27       ans = num1 + num2;
28      }else if(ope.equals("-")){
29       ans = num1 + num2;
30      }else if(ope.equals("×")){
31        ans = num1 * num2;
32      }else if(ope.equals("÷")){
33        ans = num1 / num2;
34      }
        fdat.setAns(ans);
      }
   }
```

インポートが間違っていたり、タイプミスをしていたりする場合は、エラーが表示されるから内容を確認しよう

間違ってる箇所があるとIntelliJが教えてくれるからわかりやすいですね

　それではプログラムを実行してみましょう。DemoApplicationクラスのmainメソッドを実行して、Spring Bootアプリの起動ログが確認できたら、Webブラウザのアドレスバーに「http://localhost:8080/input」と入力してください。

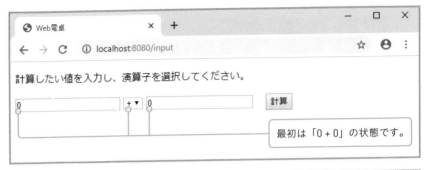

最初は「0 + 0」の状態です。

❶計算したい数値を入力し、演算子を選択

❷［計算］をクリック

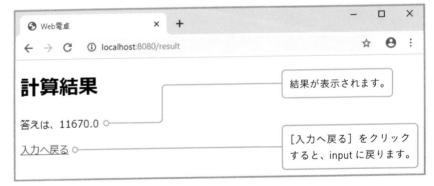

結果が表示されます。

［入力へ戻る］をクリックすると、input に戻ります。

ついにWeb電卓アプリの完成ですね！

このしくみを応用すれば、もっと規模の大きいWebアプリも作れるようになるよ

エラーメッセージを
読み解こう⑤

IntelliJが正しく終了できなかったとき

Spring Bootプロジェクトを実行中にIntelliJを終了した場合、次にSpring
Bootプロジェクトを実行しようとするとエラーが発生してしまうことがあります。

■エラーメッセージ

```
***************************

APPLICATION FAILED TO START

***************************

Description:


Web server failed to start. Port 8080 was already in use.


Action:


Identify and stop the process that's listening on port 8080 or configure this
application to listen on another port.


2019-12-27 16:18:57.860  INFO 335712 --- [        main] o.s.s.concurrent.
ThreadPoolTaskExecutor  : Shutting down ExecutorService
'applicationTaskExecutor'


Process finished with exit code 1
```

「Web server failed to start. Port 8080 was already in use.」は「Webサー
バー（Tomcat）のスタートが失敗しました。8080ポートがすでに使われていま

す。」という意味です。ポートは、Webアプリと通信するための経路のようなものです。Spring Bootプロジェクトの実行中にIntelliJを終了してしまうと、ポートが使われたままの状態になってしまうのです。

> どっ、ど、どうすればいいんでしょうか？？

> 大丈夫。コンピュータを再起動すれば解決するよ

Webサーバー（Tomcat）のプロセスを停止することで解決できますが、その方法がわかりにくいときには、コンピュータを再起動することで、再びSpring Bootプロジェクトを実行できるようになります。Spring Bootプロジェクトを実行したときは、[■（停止）]をクリックして停止するのを忘れないようにしてください。

はじめてSpring Bootプロジェクトを実行したとき

Spring Bootプロジェクトをはじめて実行したときにも、221ページと同様のエラーが発生することがあります。8080ポートが別のアプリなどで使用されているためです。この場合は、Spring Bootプロジェクトで使用するポート番号を変更する必要があります。

使用するポート番号を変更するためには、設定ファイルに使用したいポート番号を書きます。[src]ディレクトリ-[main]ディレクトリ-[resources]ディレクトリにある[application.properties]を開いてください。

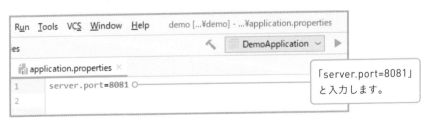

初期状態では何も設定が書かれていません。使用ポートの設定が書かれていないときは、8080ポートが使われます。使用するポートを8081に設定して、Spring Bootプロジェクトを実行してみましょう。

server.port=8081

　application.propertiesにポート設定を書いたら、再度Spring Bootプロジェクトを実行してください。

```
com.example.demo.DemoApplication           : Starting DemoApp
com.example.demo.DemoApplication           : No active profil
o.s.b.w.embedded.tomcat.TomcatWebServer     : Tomcat initializ
o.apache.catalina.core.StandardService      : Starting service
org.apache.catalina.core.StandardEngine     : Starting Servlet engine: [Apache Tomcat/9.0.27]
o.a.c.c.C.[Tomcat].[localhost].[/]          : Initializing Spring embedded WebApplicationConte
o.s.web.context.ContextLoader               : Root WebApplicationContext: initialization comple
o.s.s.concurrent.ThreadPoolTaskExecutor     : Initializing ExecutorService 'applicationTaskExec
o.s.b.w.embedded.tomcat.TomcatWebServer     : Tomcat started on port(s): 8081 (http) with conte
com.example.demo.DemoApplication            : Started DemoApplication in 1.8 seconds (JVM runni
```

Tomcat が 8081 ポートを使うというログが出ます。

　Webブラウザを開いてアドレスバーに「http://localhost:8081/hello」を入力して、表示されるか確認しましょう。

🌐 Title　　　　　　×　＋

←　→　C　ⓘ localhost:8081/hello ○

Hello World!

8081 ポートが使われるようになったことがわかります。

いろいろなシステムやアプリがインストールされていると、使用するポートがバッティングしてしまうことがあるんだ

そういえば、このコンピュータにはアプリをたくさんインストールしています

Chap.
5
Spring Bootで
Webアプリを作ろう

公式ドキュメントを見よう

クラスやメソッドはここまでに説明したものだけじゃない。まだまだたくさんあるんだよ

そうなんですか！　全部教えてください

それじゃいくらページがあっても足りないから、探し方を教えるよ

Javaの公式ドキュメント

Oracle社のヘルプページに、JDKの公式ドキュメントが公開されています。

公式ドキュメント（https://docs.oracle.com/javase/jp/13/）

URLの数値部分は、JDKのバージョンです。上位のバージョンがリリースされている場合は、使用しているバージョンのページを確認してください。

ドキュメントページ内にある［APIドキュメント］から、クラスやメソッドなどの説明を見ることができます。

❶［APIドキュメント］をクリック

APIのドキュメントページが表示されます。

探したいものがわかっている場合は、右上の検索ボックスにクラスやメソッドなどの名前を入力します。ここでは「System」を検索してみましょう。

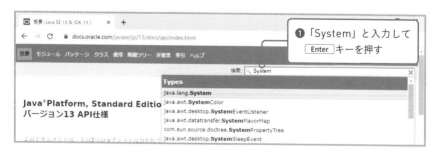

❶「System」と入力して Enter キーを押す

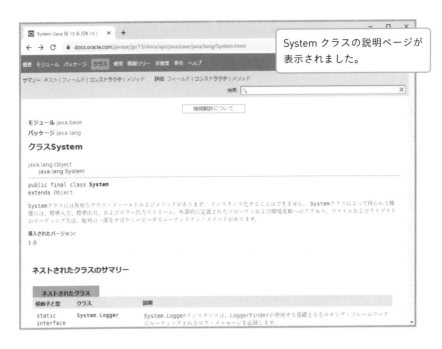

System クラスの説明ページが
表示されました。

　クラスのリファレンスページで下にスクロールしていくと、フィールド（メンバー変数）とメソッドの一覧が表示されます。

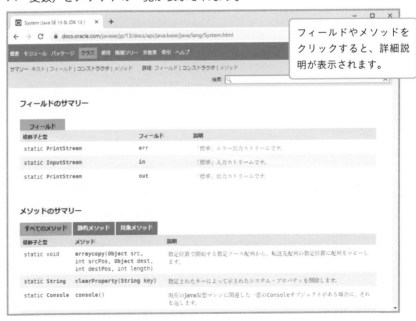

フィールドやメソッドを
クリックすると、詳細説
明が表示されます。

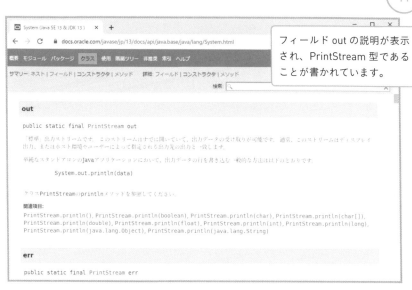

フィールド out の説明が表示され、PrintStream 型であることが書かれています。

こんなに詳しく説明してくれて助かります

組み込みクラスもたくさんあるから、いろいろなサンプルプログラムを見ることをおすすめするよ。わからないクラスやメソッドがあったときには、ここで調べるようにしよう

そうですね！ いろんなクラスを使いこなせるように頑張ります！！

Spring Bootのドキュメント

Spring Bootのドキュメントは以下のURLから確認できます。バージョンごとに分かれているので、使っているSpring Bootのバージョンのドキュメントを選択してください。

https://docs.spring.io/spring-boot/docs/

Chap.

5

Spring Bootで
Webアプリを作ろう

あとがき

　多くのプログラミング言語の中でも、Javaは仕様上の規約が多いため、プログラムが長くなりやすい言語です。他の言語では2行で書けることが、Javaでは倍以上の行数にることがあります。しかし、長いことに意味がないわけではありません。何をどうしたいかを明確に書くことで、トラブルが発生するリスクを下げることができます。そういった決まった書き方をする部分を「おまじない」と表現することがありますが、本書では「おまじない」部分にもふりがなを振って説明をしていますので、理解しやすい解説になったかと思います。

　本書を読み終えた皆さんにおすすめしたいのが、本書のサンプルよりも長いプログラムに、自分でふりがなを振ってみることです。Web上で公開されているプログラムでもいいですし、他のプログラミング入門書のサンプルでもかまいません。読み解くポイントは、まず「予約語」「変数」「メソッド」「演算子」「引数」などの種別を明らかにすることです。文字で書き込んでもいいですし、マーカーで色分けしてもいいと思います。そのあとで、Java公式マニュアルのドキュメントなども見ながら、わかるところにふりがなを書き込んでいきます。100%ふりがなを入れなくても、だいたいの処理の流れはつかめるはずです。

　Javaは非常に応用範囲の広い言語です。本書では、フレームワークを利用したWebアプリの作成について解説しましたが、それ以外にも道はいろいろあります。パソコン向けのアプリを作ってもよいですし、スマホアプリに興味がある方は、Androidアプリの制作に挑戦するのもよいと思います。ぜひ次のステップとして、興味のある分野に挑戦してみてください。本書が皆さんのWebアプリ開発のよい入り口となれば幸いです。

　最後に監修の谷本心様をはじめとして、本書の制作に携わった皆様に心よりお礼申し上げます。

2020年2月　リブロワークス

本書サンプルプログラムのダウンロードについて

本書で使用しているサンプルプログラムは下記の本書サポートページからダウンロードできます。zip形式で圧縮しているので、展開してからご利用ください。

●本書サポートページ

https://book.impress.co.jp/books/1119101128

1 上記URLを入力してサポートページを表示

2 ダウンロード をクリック
画面の指示にしたがってファイルをダウンロードしてください。

⁑ Webページのデザインやレイアウトは変更になる場合があります。

STAFF LIST

カバー・本文デザイン
　　　松本 歩（細山田デザイン事務所）
カバー・本文イラスト
　　　加納徳博
DTP　株式会社リブロワークス
　　　関口忠
校正　聚珍社

デザイン制作室　今津幸弘
　　　　　　　　鈴木 薫
制作担当デスク　柏倉真理子

企画　株式会社リブロワークス
編集・執筆
　　　大津雄一郎（株式会社リブロワークス）
　　　内形 文（株式会社リブロワークス）

編集長　柳沼俊宏

本書のご感想をぜひお寄せください

https://book.impress.co.jp/books/1119101128

「アンケートに答える」をクリックしてアンケートにご協力ください。アンケート回答者の中から、抽選で商品券（1万円分）や図書カード（1,000円分）などを毎月プレゼント。当選は賞品の発送をもって代えさせていただきます。はじめての方は、「CLUB Impress」へご登録（無料）いただく必要があります。

アンケート回答、レビュー投稿でプレゼントが当たる!

読者登録サービス 登録カンタン 費用も無料!

■商品に関する問い合わせ先

インプレスブックスのお問い合わせフォームより入力してください。

https://book.impress.co.jp/info/

上記フォームがご利用頂けない場合のメールでの問い合わせ先

info@impress.co.jp

- ●本書の内容に関するご質問は、お問い合わせフォーム、メールまたは封書にて書名・ISBN・お名前・電話番号と該当するページや具体的な質問内容、お使いの動作環境などを明記のうえ、お問い合わせください。
- ●電話やFAX等でのご質問には対応しておりません。なお、本書の範囲を超える質問に関しましてはお答えできませんのでご了承ください。
- ●インプレスブックス（https://book.impress.co.jp/）では、本書を含めインプレスの出版物に関するサポート情報などを

提供しておりますのでそちらもご覧ください。
- ●該当書籍の奥付に記載されている初版発行日から3年が経過した場合、もしくは該当書籍で紹介している製品やサービスについて提供会社によるサポートが終了した場合は、ご質問にお答えしかねる場合があります。
- ●本書の利用によって生じる直接的あるいは間接的被害について、著者ならびに弊社では一切の責任を負いかねます。あらかじめご了承ください。

■落丁・乱丁本などのお問い合わせ先

TEL：03-6837-5016
FAX：03-6837-5023
service@impress.co.jp

（受付時間 10:00-12:00／13:00-17:30、土日・祝祭日を除く）
●古書店で購入されたものについてはお取り替えできません。

■書店／販売店の窓口

株式会社インプレス 受注センター
TEL：048-449-8040
FAX：048-449-8041

株式会社インプレス 出版営業部
TEL：03-6837-4635

スラスラ読める Java ふりがなプログラミング

2020年3月21日　初版発行

監　修	谷本 心
著　者	リブロワークス
発行人	小川 亨
編集人	高橋隆志
発行所	株式会社インプレス
	〒101-0051　東京都千代田区神田神保町一丁目105番地
	ホームページ　https://book.impress.co.jp/
印刷所	音羽印刷株式会社

本書は著作権法上の保護を受けています。本書の一部あるいは全部について（ソフトウェア及びプログラムを含む）、株式会社インプレスから文書による許諾を得ずに、いかなる方法においても無断で複写、複製することは禁じられています。

Copyright ©2020 LibroWorks Inc. All rights reserved.
ISBN978-4-295-00855-2 C3055
Printed in Japan